Über einige im Kriege wichtige Wasserverhältnisse des Bodens und der Gesteine

(Für Geologen, Pioniere, Truppenoffiziere und Truppenärzte)

Von

Professor Dr. WILHELM SALOMON,

dem Vorstande des Geologischen Institutes der Universität Heidelberg

———

Mit 3 Abbildungen

München und Berlin 1916
Druck und Verlag von R. Oldenbourg

Besonders dankbar wäre ich im Hinblick auf eine etwa notwendige Neuauflage für Ratschläge, Verbesserungen, Berichtigungen und Mitteilung von eigenen in Betracht kommenden Erfahrungen.

Für einige Literaturhinweise bin ich den Herren Professor Dr. H. Kossel und Dipl.-Ing. W. Schwaab in Heidelberg, für Durchsicht von Teilen der Urschrift Herrn Wasserwerksdirektor Kuckuck in Heidelberg und ebenfalls Herrn Prof. Dr. H. Kossel zu besonderem Danke verpflichtet.

Heidelberg, Geologisches Institut der Universität,
   den 30. März 1916.

Wilhelm Salomon.

Inhaltsverzeichnis.

I. Poren, Spalten, Porenvolumen, Gesamthohlraum und Wasserkapazität.

Freies Wasser in praktisch zu berücksichtigenden Mengen kann im Boden und in den Gesteinen naturgemäß nur vorhanden sein, wenn diese eine größere Anzahl von Hohlräumen, und zwar Poren oder Spalten enthalten. Man pflegt in den üblichen Darstellungen nur die ersteren zu berücksichtigen und spricht dann vom Porenvolumen der Gesteine. Richtiger würde dafür der allgemeine Ausdruck »Gesamthohlraum« zu treten haben, während man von Porenvolumen nur bei nicht der Zerspaltung fähigen lockeren Sand- und Kiesmassen sprechen sollte. Ein trockenes Gestein kann ein so großes Volumen Wasser aufnehmen, wie der Größe seines Gesamthohlraumes entspricht. Es gibt aber nicht dieselbe Wassermenge wieder her, weil der Gesamthohlraum sich aus kapillaren und überkapillaren Hohlräumen zusammensetzt. Das in den Kapillarräumen enthaltene Wasser behält der Boden im allgemeinen wenigstens zurück. Man nennt diese im Boden dauernd verbleibende Wassermenge seine »Wasserkapazität«[1]. Diese ist also nicht identisch mit dem Gesamthohlraum bzw. dem Porenvolumen, sondern bei allen Gesteinen mit kapillaren und überkapillaren Hohlräumen nur gleich der Summe der Volumina der Kapillarhohlräume. Ebensowenig besteht eine direkte Beziehung zwischen der

---

[1]) Ich folge hier der Lueger-Weyrauchschen Definition. Selbstverständlich kann die »dauernde« Wassermenge des Bodens diesem durch die Pflanzen entzogen werden. Sie fließt nur nicht von selbst wieder ab.

Größe der einzelnen Hohlräume und der Größe des Gesamthohlraumes bzw. des Porenvolumens. So hat man bei zahlreichen Bestimmungen gefunden, daß im allgemeinen der
Gesamthohlraum der doch sehr feinporigen Tone und Lehme
größer ist als der der Sande, und dieser wieder größer als der
der Kiese. Es wäre indessen verfehlt, diese Regel ohne weiteres
auf jeden Fall anwenden zu wollen, weil sich Kiesablagerungen
und Sande auch bei gleicher Korngröße verschieden verhalten
können. Sehr stark überlagerte und daher zusammengepreßte
Schichten haben, wie leicht verständlich, kleinere Gesamthohlräume. Dennoch gelingt wohl fast stets ein Vorlesungs-
versuch, den ich zum Zwecke der Demonstration dieser Verhältnisse neuerdings ausführe. Ich fülle in zwei gleichgroße
Glaszylinder leicht verdünnte, schwarze Tinte bis zu gleicher
Höhe ein, schütte dann behutsam in das eine Glas mittel-
körnigen bis feinen Sand, in das andere feinen Kies. Die
Tinte steigt dann in dem Kiesglas wesentlich höher empor
als im Sandglas und zeigt durch ihre Farbe auch aus der
Ferne an, daß das Porenvolumen des Kieses kleiner ist als
das des Sandes. Umgekehrt pflegt die Tinte in dem Sandglas
an einigen Stellen durch Kapillarwirkung in unregelmäßigen
Bahnen etwas über ihr allgemeines Niveau emporzusteigen.
Die Hygieniker führen das kapillare Festhalten des Wassers
im feinen Sand durch einen anderen Versuch vor, dessen
Kenntnis ich meinem verehrten Kollegen Prof. H. Kossel
in Heidelberg verdanke. Sie nehmen zwei gleichgroße, unten
durch ein feines Sieb verschlossene Blechzylinder, füllen den
einen mit feinem Sand, den anderen mit Kies und tauchen
sie beide so lange in Wasser ein, bis sie davon durchtränkt
sind. Zieht man jetzt die Blechzylinder schnell aus dem
Wasser empor, so stürzt das von dem Kies aufgenommene
Wasser sehr rasch durch das Sieb heraus, während der Sand
das einmal aufgenommene Wasser je nach seiner Korngröße
mehr oder minder lange festzuhalten vermag. Daraus ergibt
sich die ja auch ohne weiteres verständliche Schlußfolgerung,
daß die Geschwindigkeit der Wasserbewegung im Boden
nicht abhängig ist von der Größe des Gesamthohlraumes bzw.
Porenvolumens, sondern von der Größe der Poren, und es

ergibt sich ferner die ebenfalls längst bekannte Tatsache, daß ein feinporiger Boden trotz großen Porenvolumens das Wasser viel besser filtriert als grobkörniger Boden. Die hygienisch ungünstigen Wasserverhältnisse des Rigi erklären sich einmal aus der Grobporigkeit des Nagelfluhkonglomerates, welches den größten Teil des Berges zusammensetzt, dann aber auch noch durch die weitgehende Zerspaltung des dort zu einem festen Konglomerat erhärteten alten Schotters. Die Zerspaltung erhöht natürlich die Geschwindigkeit der Wasserzirkulation in dem Gestein noch sehr stark und setzt dadurch die Filtration des im Boden versickernden Wassers auf ein Minimum herab. In der Praxis muß man sich vor dem Fehler hüten, die Gesamthohlräume eines Gesteines oder auch nur die Differenz zwischen Gesamthohlraum und Wasserkapazität als einen Maßstab für die aus diesem Gestein gewinnbare Menge des Wassers anzusehen. Ja, wenn es sich nur um einmalige Entnahme handelte, würde das letztere berechtigt sein. In der Praxis hat man aber fast stets mit dauernden Entnahmen zu rechnen; und da kommt es nicht darauf an, welche ruhende· Wassermenge in dem Gestein vorhanden ist, sondern welche durchfließende, d. h. wieviel Wasser durchläuft in der Zeiteinheit einen bestimmten Querschnitt des Gesteins. Diese Wassermenge hängt aber bei sonst gleichen Bedingungen viel mehr von der Größe der Gesteinsporen und Spalten, als von der Größe des Gesamthohlraumes ab. Kiese mit mäßig großen Porenvolumina pflegen viel mehr Wasser zu liefern als feinkörnige Sande, deren Wasserkapazitäten und Porenvolumina wesentlich höher sind. Ferner sammeln sich in allen Mulden des wasserundurchlässigen Untergrundes im Laufe der Zeit ruhende Wassermassen an, Grundwasserseen oder -Becken[1]) im Gegensatz zu den Grundwasserströmen. Die ersteren stellen einen meist rasch erschöpfbaren Wasservorrat dar, der im Anfange des Pumpens über

---

[1]) Höfer (Grundwasser und Quellen, Braunschweig bei Vieweg & Sohn, 1912, S. 52 u. Fig. 8) unterscheidet die Wassermengen dieser Becken als »Stau« oder »Grundwasserstau« vom »Strom« oder »Grundwasserstrom«.

die wirklich zur Verfügung stehenden Wassermengen täuschen kann. Alle Berechnungen über die Leistungsfähigkeit eines Brunnens müssen sich also stets nur auf die durchfließenden, nicht auf die ruhenden Wassermengen stützen. Und ebenso wird man sich vor dem Fehler hüten müssen, von einem feuchten Boden ohne weiteres anzunehmen, daß er gewinnbares Wasser enthalte.

II. Durchlässigkeit und Undurchlässigkeit.

Wäre in einem Gestein überhaupt kein Hohlraum vorhanden, so würde kein Wasser hinein zu gelangen vermögen. Die Erfahrung lehrt aber, daß es solche Gesteine nicht gibt, sondern daß jedes in einem Steinbruch[1]) oder Bergwerk geschlagene Stück ein gewisses Maß von sog. Bergfeuchtigkeit besitzt. Immerhin handelt es sich hier um sehr kleine Mengen, die wir praktisch vernachlässigen können. Hat ein Gestein aber größere Hohlräume in merkbarer Zahl, so hängt die Durchlässigkeit davon ab, ob, wie bereits im ersten Abschnitt ausgeführt, die Hohlräume sämtlich kapillar oder zum Teil überkapillar sind.

Im ersteren Falle saugt sich das Gestein mit Wasser voll, gibt es aber nicht mehr her und bleibt somit undurchlässig. Im zweiten Falle bewegt sich das Wasser in den überkapillaren Poren und Spalträumen weiter und durchfließt das Gestein. Die Erfahrung lehrt, daß praktisch undurchlässig oder doch äußerst schwer und langsam durchlässig alle Tone, Lehme, Mergel, sehr feinkörnige Sande[2]) und die aus ihnen durch Verfestigung entstehenden Felsarten sind, soweit nicht diese festen Gesteine wieder durch Spaltenbildung durchlässig werden.

Die kompakten Tiefengesteine (Granite, Syenite, Diorite usw.) sollten eigentlich undurchlässig sein, sind es aber

---

[1]) Ob das in Wüsten anders ist, darüber habe ich keine Erfahrung.

[2]) Bei Korngrößen von etwa $1/_{10}$ mm werden sie schwerdurchlässig, bei noch wesentlich feinerem Korn schließlich so gut wie undurchlässig.

praktisch wegen der stets in ausgedehntem Maße vorhandenen Spaltensysteme nicht. Dasselbe gilt in noch höherem Maße von allen festen, nicht sehr tonigen Kalksteinen, weil hier die ursprünglich vorhandenen Spaltensysteme meist schon sehr rasch durch die auflösende Tätigkeit des Wassers erweitert werden. Dagegen haben sehr tonige Kalksteine, besonders wenn sie viele Zwischenlagen von reinerem Ton oder Mergel enthalten, keine ausgesprochenè Neigung zur Zerspaltung und sind daher praktisch wohl meist als undurchlässig zu bezeichnen. Undurchlässig oder doch zum mindesten schwer durchlässig pflegt auch die weiße Kreide in denjenigen Gebieten zu sein, in denen sie ziemlich tonig und nicht, oder nur schwach, zerklüftet ist[1]). Ist sie dagegen stark klüftig, dann leiten die Klüfte das Wasser natürlich rasch hindurch (Champagne). Tiefengesteine können in feuchtem Klima an der Oberfläche so viel lehmige Verwitterungsprodukte erzeugen, daß die Spaltensysteme sich oben verstopfen und dann ziemlich ausgedehnte, undurchlässige Flächen entstehen lassen. Aber freilich werden diese Flächen nie ganze Berghänge bedecken. Man wird also hier immer mit einem Einsickern aller Flüssigkeiten zu rechnen haben. Dasselbe gilt auch von den Gebieten, in denen Lehm oder Ton (z. B. die Lößlehme óder die Schwemmlöße) dünne Decken über Sand- und Kiessystemen bilden, eine in allen Flußaufschüttungsebenen normale Erscheinung. Bei einer Mächtigkeit der undurchlässigen Schicht von 1 bis 2 m entstehen nämlich in Trockenperioden tiefe Spalten und Risse und lassen dann z. B. Jauche unter Umständen in die durchlässigen tieferen Bodenschichten gelangen.

Die nicht ganz besonders feinkörnigen Sandsteine wird man praktisch fast immer als durchlässig ansehen können, weil sie nicht bloß im nicht zerspalteten Zustande ein großes Porenvolumen bei erheblicher Porengröße zu haben pflegen, sondern auch fast stets tiefgehend zerklüftet sind. Es will

---

[1]) Nach Keilhack (Lehrbuch der Grundwasser- und Quellenkunde, Berlin 1912, bei Bornträger, S. 104) verhält sich die tonige Kreide am Grunde des Kanals zwischen Frankreich und England völlig undurchlässig.

mir sogar scheinen, als ob diese Kluftsysteme in der Natur
bei der Wasserzirkulation eine größere Rolle spielen, als die
eigentlichen Porenräume des Gesteins, während unsere Literatur meist nur von den letzteren spricht. Ja nicht darf
man bei solchen Sandsteinen die Tatsache übersehen, daß die
Spaltensysteme oft in den Tonzwischenlagen absetzen, so daß
das im Gestein versickernde Wasser trotz der Klüfte auf der
ersten Tonlage gestaut werden kann. Bei der Besprechung
der Schichtquellen werde ich auf die Bedeutung der Klüfte
zurückkommen.

Lavaströme wird man stets als mehr oder minder durchlässig ansehen können. Sind sie nämlich wenig mächtig, so
sind sie von Gasporen ganz erfüllt, werden sie aber mächtig
und im Innern kompakt, dann stellen sich in den kompakten
Teilen die regelmäßigen Sprungsysteme der Absonderungs-
klüfte ein.

Kristalline Schiefer (Gneiß, Glimmerschiefer, Phyllite usw.)
sind zwar an sich eigentlich undurchlässig. Praktisch verhalten
sie sich aber wohl gewöhnlich anders, weil sie in größeren
Massen in den Gebirgen stark zerklüftet (Gneiße) oder wenigstens in der Nähe der Oberfläche stark blätterig (Glimmerschiefer, Phyllite) zu, sein pflegen. Das ist z. B. bei Tunnel-
anlagen von großer Bedeutung gewesen (Gotthard, Simplon).

Echter Löß ist nach meinen Erfahrungen als durchlässig
anzusehen. Er verhält sich aber natürlich anders, wenn er
eine mächtige Verlehmungsdecke trägt oder von Lehmzonen
durchzogen wird[1]). Schwemmlöß ist schwerer durchlässig
als Berglöß.

Zur Erklärung der Wasserundurchlässigkeit der Tone und
Lehme hat man auch Quellungserscheinungen der in ihnen
auftretenden Gele heranziehen wollen. Obwohl ich zugebe,

---

[1]) Keilhack (Grundwasser- und Quellenkunde) nennt den
Löß (S. 299) »schwer durchlässig«, hebt aber auf S. 90 hervor,
daß »Löß-, Kies-, Gips-, Kalk- und Kreideplateaus die größten
Regenmassen aufnehmen, ohne sie oberirdisch abfließen zu lassen«.
Auf S. 103 sagt er, daß Löß die Hälfte seines Volumens an Wasser
aufnimmt, es aber nur langsam weiter befördere.

daß solche Quellungserscheinungen dazu beitragen, die Porenräume zu verkleinern oder zu verstopfen, so sind sie doch
offenbar nicht notwendig, um die Undurchlässigkeit herbei-
zuführen. Denn auch ganz gelfreie Gesteinsmehle, wofern sie
nur fest genug gepackt sind, zeigen genau dieselbe Undurchlässigkeit wie die gelhaltigen. Daß sich der Löß anders verhält, beruht sicherlich nur auf der sehr lockeren Ablagerung
der Teilchen.

Bei dieser Gelegenheit möchte ich kurz darauf hinweisen,
daß ich in einer eben im Druck erschienenen Arbeit[1] begründet
habe, daß die Benennung »Ton« sich auf Gesteine ganz verschiedener Natur und Herkunft bezieht.

»Das, was wir Ton nennen, braucht gar nichts mit
dem mineralogisch-petrographischen Begriff »Ton« zu tun
zu haben. Man denke z. B. an die Bändertone der glazialen
Stauseen, deren Material feinste Gletschermilch-Trübe,
also mechanisch fein zermahlenes, aber sicher nur ganz
selten chemisch verwittertes Mineralpulver ist. Es handelt
sich einfach um die allerfeinsten Gesteinsmehle, und alle
diese Gesteinsmehle haben bestimmte physikalische Eigenschaften gemeinsam und werden daher als Tone, nämlich
als verunreinigter Kaolin oder als ein Gemenge von diesem
mit den zu ihm gehörigen Gelen aufgefaßt.«

Da das nicht zutrifft, habe ich in der betreffenden Arbeit
vorgeschlagen, für alle klastischen Gesteine von feinstem
Korn — solange ihre besondere Beschaffenheit nicht festgestellt ist — wieder den Naumannschen Namen »Pelit«
zu gebrauchen, unter den Peliten aber nach Möglichkeit zwischen den echten, durch Zersetzung entstandenen »Tonen«
und den durch die mechanische Zerreibung entstandenen
Gesteinsmehlen zu unterscheiden. Für diese letzteren gebrauche
ich die Bezeichnung Alphitit, von ἄλφιτον = Mehl.

Für die Frage nach der Durchlässigkeit der Pelite ist also
hervorzuheben, daß sich sowohl die echten »Tone« wie die
Alphitite ganz gleich verhalten.

---

[1] Die Definition von Grauwacke, Arkose und Ton. Geol.
Rundschau 1915, Bd. 6, S. 402.

Sehr durchlässig sind, wie wohl ohne weiteres verständlich,
die Kiese und Konglomerate, die groben Sande[1]), die Schuttmassen und im allgemeinen auch die aus ihnen hervorgehenden
Breccien; aber selbst Tone, Lehme und Mergel werden durchlässig, wenn sie Steine in größerer Zahl enthalten. So ist
z. B. der aus der Verwitterung der feuersteinreichen weißen
Kreide hervorgehende Ton (»argile à silex« der Champagne)
gewöhnlich wasserundurchlässig. (Lapparent, A. de, Traité
de géologie, IV. Aufl., S. 200.) Werden die Feuersteine aber
im Verhältnis zur Gesamtmasse sehr zahlreich, so wird das
Ganze durchlässig.

Dasselbe gilt von den an dem Fuße von Felswänden aufgehäuften Schutthalden und Schuttkegeln, sowie von den
an der Ausmündung von kleinen Seitentälern im Hauptal
aufgehäuften Schuttkegeln unserer Mittelgebirge und Hügel-
landschaften[2]).

Ganz eigentümlich verhalten sich die Torflager. Sind sie
trocken, so nehmen sie riesige Wassermengen auf. Haben sie
sich aber vollgesogen, so halten sie sie fest und sind dann für
neue Wassermengen fast ganz undurchlässig. Man kann daher
in vielen Sumpfgegenden unter der die Bildung des Sumpfes
veranlassenden undurchlässigen Schicht ein tieferes, sehr
häufig ganz einwandfreies Wasserstockwerk erbohren[3]), eine

---

[1]) In feineren Sanden pflegt, was für die Praxis wichtig ist,
das Wasser wenigstens im Anfang nicht gleich die ganze Masse
gleichmäßig zu durchtränken, sondern es pflegt bestimmte Bahnen
und Wege zu bevorzugen, so daß dadurch auch echte Wasser-
adern entstehen können. Für die Geologen bemerke ich, daß
sich meiner Ansicht nach nur dadurch die Form der von Reis
vortrefflich beschriebenen Battenberger Sandeisensteinröhren erklären läßt.

[2]) Typhusepidemie von Lausen bei Basel 1872.

[3]) Lueger-Weyrauch, Die Wasserversorgung der Städte,
1914, I, S. 105. Keilhack (a. a. O. S. 102) gibt an, daß »in frisch
angelegten Torfstichen die Grube bis mehrere Meter unter dem
Grundwasserspiegel trocken niedergebracht werden kann, während
in einer älteren benachbarten, nur durch eine 3 dm dicke Zwischen-
wand getrennten Grube das Wasser bis nahe an die Oberfläche
reicht«.

Tatsache, die auf dem russisch-polnischen Kriegsschauplatz von erheblicher Bedeutung sein kann. Tonschiefer sind, wenn nicht zerspalten, oft sehr undurchlässig. Als berühmtes Beispiel dafür wird in den Lehrbüchern gewöhnlich der Stollen der Grube Bottalack in Cornwall angegeben, dessen wenige Meter mächtiges Dach keinen Tropfen von dem darauf lastenden Meerwasser durchdringen läßt. Anders verhalten sich die Tonschiefer aber, wenn Gruben in ihnen senkrecht zu ihren Schichtfugen abgeteuft sind. Dann können Flüssigkeiten an diesen entlang durchsickern, was bei Abort- und Jauchegruben wohl zu beachten ist.

III. Die Geschwindigkeit der Wasserbewegung im Boden und in den Gesteinen.

Die Werte, die man für die Geschwindigkeit der Wasserbewegung bekommt, sind außerordentlich verschieden, so daß man nicht gut allgemein gültige Zahlen anführen kann. Immerhin kann man die Größenordnung der in Betracht kommenden Geschwindigkeiten angeben; und da ist festzustellen, daß das Grundwasser in Sandböden im allgemeinen $\frac{1}{4}$ bis 3 m im Tage zurücklegen dürfte. Ist das Gestein aber kiesig und besonders grobkiesig, so können diese Werte um ein Vielfaches ansteigen. Noch viel rascher bewegt sich das Wasser in Gesteinsklüften, und es ist daher eine bekannte und vielfach durch Färbungs- oder Salzungsversuche bewiesene Tatsache, daß im Kalksteingebirge viele Kilometer unterirdisch in einem Tage zurückgelegt werden können. So durchfließt Donauwasser die 11 km lange Strecke zwischen Immendingen und Aach zum Teil in 20 Stunden[1].

Sehr wichtig ist in der Praxis die Tatsache, daß die Geschwindigkeit des Grundwassers in der Nähe der Brunnen stark wächst, wenn das Wasser rasch gepumpt wird. Es bildet sich dann in der Umgebung der bekannte Absenkungstrichter des Wasserspiegels (siehe Fig. 1).

---

[1] Vgl. Knop, Neues Jahrb. f. Mineralogie 1878, S. 350 bis 363.

Je steiler die Absenkung ist, um so stärker wird das Ober-
flächengefälle des Wassers, um so größer seine Geschwindigkeit. Gärtner erzählt auf S. 422 seiner »Hygiene des Wassers«
den folgenden Fall. Ein Brunnen befand sich 8 m von einer
Mistgrube entfernt. Als der Brunnenspiegel durch Pumpen
um 2 m abgesenkt wurde, sank der Spiegel der Jauche in der
Grube um einige Zentimeter. Bei Zentralbrunnen, die eine

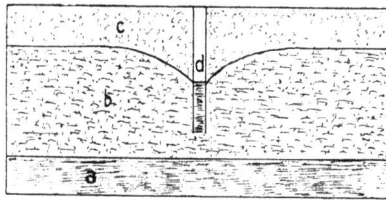

Fig. 1. Absenkungstrichter eines Brunnens.
a Undurchlässige Schicht. b Von Wasser erfüllter, c wasserfreier Grund-
wasserträger. d Brunnen.

große Wassermenge liefern sollen, macht sich diese Erscheinung
natürlich in besonders starkem Maße geltend, bei Hausbrunnen
wird sie in geringerem Maße zu befürchten sein. Dennoch
empfiehlt es sich, die Wasserentnahme möglichst gleichmäßig
zu verteilen, damit das Wasser Zeit zum Nachströmen und
Ausgleichen des Trichters hat.

Aus diesen Feststellungen und den im vorigen Abschnitt
hervorgehobenen Beobachtungen über die Durchlässigkeit
und Undurchlässigkeit der Gesteine ergeben sich nun eine
ganze Anzahl von wichtigen hygienischen Folgerungen.

IV. Hygienische Folgerungen.

a) Friedhofsanlagen. Bestattungen im Felde. Abdeckereien.

Man hat in früherer Zeit befürchtet, daß durch Erd-
bestattungen leicht das Grundwasser verseucht werden könne.
Neuere Forschungen haben indessen ergeben, daß diese Gefahr
sehr gering ist, sobald man gewisse Vorsichtsmaßregeln be-

obachtet[1]). Außerordentlich lehrreich sind in dieser Hinsicht die in systematischer Weise jahrzehntelang fortgesetzten Untersuchungen des Hamburger Hygienischen Institutes, die von Matthes in der Zeitschrift für Hygiene, Bd. 44, 1913, S. 439 bis 468[2]) veröffentlicht sind. Sie wurden auf dem großen Ohlsdorfer Friedhof, dem Zentralfriedhof Hamburgs, durchgeführt und haben ebenso wie analoge Arbeiten in Dresden, Leipzig und vielen anderen Orten eigentlich immer ergeben, daß die »aus den Leichen in das Erdreich gelangenden Stoffe durch die chemischen und physikalischen Kräfte des Bodens ihrer schädigenden Eigenschaften entkleidet oder durch das Grundwasser bis zur Unmerklichkeit verdünnt werden«. Dabei handelt es sich ebensowohl um die eigentlichen Krankheitskeime wie um die Leichengifte. Obwohl auf dem Ohlsdorfer Friedhofe etwa 12000 Bestattungen im Jahre stattfinden, also erhebliche Massen von Fäulnismaterial in dem Boden angehäuft wurden, war eine Verunreinigung der Gewässer des Untergrundes nicht eingetreten. Aber allerdings muß man Sorge tragen, daß die Sohle der Gräber mindestens $\frac{1}{2}$ m über dem Grundwasserspiegel liegt, und der Boden muß geeignet sein, d. h. man wird groben Kies, wenn irgend möglich, vermeiden. Man wird sich vor allen Dingen hüten müssen, in dünnen, lockeren Bodenschichten, wenig über stark zerklüftetem Gestein (Kalkstein!) Gräber anzulegen, und man wird auch berücksichtigen müssen, daß der Grundwasserspiegel starke Schwankungen aufweisen kann. Liegen Gräber einen großen Teil des Jahres im Grundwasser, dann kann es unter Umständen vorkommen, daß die Weichteile der Leichen sich weit über das gewöhnliche Zeitmaß hinaus erhalten. So ist mir ein Fall erzählt worden, wo in einem kleinen süddeutschen Ört am Ende der Umlauffrist die Leichen aus dem angegebenen Grunde so vortrefflich erhalten waren, daß man den Friedhof nicht weiter benutzen, sondern einen neuen anlegen mußte.

---

[1]) Petri, X. Internation. Mediz. Kongreß, Berlin 1890. Zitiert nach Lueger-Weyrauch, S. 104.

[2]) Hier auch viele Literaturangaben über dieselbe Frage.

Über die normale Dauer der Zerstörung der Weichteile gibt es natürlich keine allgemeine Regel, da das sehr von den Boden-, Klima- und biologischen Verhältnissen abhängt. Für den Ohlsdorfer Friedhof stellte es sich nach Beobachtungen von Reincke heraus, daß zuerst »ein 3 bis 4 Monate dauerndes Stadium stinkender Fäulnis und dann Verwesung eintritt, die bei Erwachsenen in 5 bis 7, bei Kindern in 4 bis 5 Jahren die Weichteile zerstört«. Dabei spielen an manchen Orten die Pflanzen eine größere Rolle als Tiere. »Man fand öfters, daß Baumwurzeln einen Weg durch die Wandungen der Särge zu den Leichen gefunden und alle Knochen derselben mit einem zierlichen Geäst feinster Wurzelfäserchen dicht umsponnen hatten.«

Aus den angeführten Untersuchungen geht also hervor, daß man in Ohlsdorf selbst aus den Friedhofsbrunnen ganz unbedenklich das Wasser zum Trinken hätte entnehmen können. Dennoch wird man es natürlich, wenn irgend möglich, im Frieden wie im Kriege auch bei geeignetem Boden und richtiger Anlage der Gräber vermeiden, Trinkwasser in unmittelbarer Nähe von Bestattungsstätten zu entnehmen. Und man wird bei Massengräbern von Menschen wie bei Gräbern von Pferden und anderen größeren Tieren natürlich noch viel vorsichtiger sein müssen als bei Einzelgräbern. Ebenso wird man nicht gern Brunnen in unmittelbarer Nähe von Abdeckereien anlegen. Über die dabei einzuhaltenden Mindestabstände wird im Abschnitt c) gesprochen werden.

b) Abortanlagen. Versickerungsstellen von Fäkalien. Düngung mit festem Mist, Jauche, Pfuhl, Schmutzwasser usw.

Es kann natürlich nicht meine Absicht sein, an dieser Stelle die hauptsächlich von den Hygienikern und Gesundheitsingenieuren gemachten Erfahrungen darzustellen. Eine ausgezeichnete Schilderung aller hier in Betracht kommenden Verhältnisse enthält das während des Krieges erschienene umfangreiche Handbuch von A. Gärtner, Die Hygiene

des Wassers (Vieweg & Sohn, Braunschweig 1915), dessen
Studium auch den Geologen warm empfohlen werden muß,
und dem ich bei meinen Ausführungen vielfach folge. Ich
kann ·hier bloß die wichtigsten geologischen Gesichtspunkte
kurz zusammenstellen.

Die Möglichkeit, ja Wahrscheinlichkeit einer Verseuchung
von Grundwasser, Quellen und Brunnen und damit einer
Gefährdung der Gesundheit wächst 1. mit der Durchlässigkeit
des Bodens, 2. mit der Annäherung des Grundwasserspiegels
an die Erdoberfläche, 3. mit abnehmender Entfernung von
Wasserentnahme- und Verunreinigungsstellen, 4. mit der
wachsenden Menge der Verunreinigungen.

Es ist unbestreitbar, daß die Zahl der wissenschaftlich
genau festgestellten Verseuchungen des Bodenwassers durch
Fäkalien und Schmutzwässer im Gegensatz zu den im vorigen
Abschnitte besprochenen Verseuchungen durch menschliche
oder tierische Körper ungemein groß ist.

Die früher vielfach bestrittene Annahme, daß Krankheiten
durch das Wasser verbreitet werden können, ist heute Ge-
meingut der wissenschaftlichen Erkenntnis. Es ist Tatsache,
daß besonders Typhus und Cholera oft im Wasser den Weg
zur Infektion des Menschen gefunden haben. Es ist dabei
aber ein gewaltiger Unterschied zwischen Oberflächenwasser
und dem im Boden zirkulierenden, für den Geologen allein
in Betracht kommenden Wasser. Die Wahrscheinlichkeit
einer Infektion durch das letztere ist sehr viel kleiner, weil
der Boden eine stark filtrierende Wirkung zu haben pflegt,
weil in ihm andere Organismen enthalten sind, die den Krank-
heitskeimen im Kampf ums Dasein überlegen sind, und weil
diesen letzteren im Boden wie im Bodenwasser vielfach un-
günstige Temperatur- und Ernährungsbedingungen entgegen-
treten.

Isolierte Krankheitsbakterien pflegen daher im Boden
und im Wasser sehr rasch zugrunde zu gehen. Anders verhält
es sich aber mit ihnen, wenn sie in Kotklümpchen, Sputum-
Schleimflöckchen und ähnlichen schützenden Körpern enthalten sind. In solchen Fällen können sie sich sechs und mehr
Monate lebend erhalten. In gewöhnlichen Abortgruben hat

3

man mit der Möglichkeit zu rechnen, daß Typhus- und Cholera-
bakterien einen Monat am Leben bleiben können, in Spül-
gruben noch wesentlich länger. Milzbrandsporen können im
Boden jahrelang lebendig bleiben.

Diese Daten können im Stellungskrieg Bedeutung gewinnen, wenn eine Truppe beim Vordringen oder Zurück-
gehen gezwungen ist, ihre neuen Gräben, Unterstände, Wasser-
entnahmestellen in der Nähe von alten, unter Umständen
monatelang verschmutzten Stellungen zu wählen. Sie spielen
eine sehr bedeutende Rolle bei der Auswahl von Quellen und
geeigneten Punkten für neue Brunnenanlagen, sowie bei der
Beurteilung der Verwendbarkeit von bereits vorgefundenen
Brunnen[1]) und Quellen.

Es ist dabei dem im Publikum weitverbreiteten Vor-
urteil entgegenzutreten, als ob Quellwasser dem Grundwasser vorzuziehen sei[2]). In chemischer Beziehung sind die
Quellwässer ebenso wie die Grundwässer unter sich so verschieden, daß man überhaupt nicht allgemein voraussagen
kann, welches das günstigere ist. In bakteriologischer Beziehung aber ist es bei Grundwasser jedenfalls sehr viel leichter,
schon rein geologisch eine hygienisch einwandfreie Beschaffenheit vorauszusagen als bei Quellwasser. Bei diesem letzteren
bleibt die Herkunft oft trotz genauester Untersuchung un-
sicher. Daher sagt Gärtner (S. 432) sehr richtig: »Es läßt
sich gar nicht wegleugnen, daß im Grunde genommen die

---

[1]) Alle Kesselbrunnen und manchmal sogar Rohrbrunnen,
die an der tiefsten Stelle eines Bauernhofes liegen, werden selbst
bei größerem Abstand der Aborte, Mistgruben und -Haufen immer
verdächtig sein, weil jeder stärkere Regen Verunreinigungen hinein-
spült, selbst wenn der Boden undurchlässig ist.

[2]) Als die Stadt Heidelberg sich vor einigen Jahren ent-
schließen sollte, nach dem ausgezeichneten Plan des Wasserwerk-
direktors Kuckuck eine Neuanlage in der Rheinebene herzustellen, um die bisher bestehende Quellwasserversorgung durch
eine Grundwasserversorgung zu erweitern, bekam ich eine große
Anzahl von besorgten privaten Anfragen aus den gebildeten Kreisen
der Stadt, weil man in diesen befürchtete, daß das Trinkwasser
durch das Grundwasser wesentlich verschlechtert werden würde.

Quellen unsichere Kantonisten sind.« Hat man also die Wahl
zwischen chemisch gleich gutem Grund- und Quellwasser, so
werden Wassertechniker, Hygieniker, wie Geologen wohl
unter sonst gleichen Bedingungen meist das Grundwasser
bevorzugen. Bei den aus festem Gestein hervortretenden
Quellen dient nämlich sehr häufig ein Spaltensystem als
unterirdischer Quellweg, und auf diesem pflegt, wie auf
S. 13 angegeben, das Wasser sich so rasch zu bewegen, daß
hineingelangte Krankheitskeime noch lebend zu der Austrittsstelle des Wassers gelangen können[1]). Das aber ist die
Veranlassung zu einer großen Anzahl von gefährlichen Epidemien noch in der neuesten Zeit geworden. Eine zusammen-
fassende Darstellung von ihnen hat Gärtner 1902 in einem
als Sonderabdruck aus dem klinischen Jahrbuch Bd. IX erschienenen Buch gegeben: Die Quellen in ihren Beziehungen
zum Grundwasser und zum Typhus (Jena, bei Gustav Fischer,
162 Seiten). Dort ist auch ältere Literatur ausführlich angegeben. Obwohl ein Teil der von Gärtner aufgeführten Fälle
nicht auf Verunreinigung von Spaltenwasser zurückgeht, und
bei einem anderen Teil die Art der Verseuchung nicht ganz
sicher festgestellt werden konnte[2]), so ist doch bei einem Teil
der Zusammenhang ganz unzweifelhaft. In nenne die Epidemien Abertillery, Monmouth, zerklüfteter Sandstein; Oberholl-
wangen, Buntsandstein 1875; Auxerre Jura; Worthing,
Sussex, spaltenreiche Kreide; Kranichfeld, Thüringen, stark
zerklüfteter Muschelkalk in größerer Entfernung; wahrscheinlich Brüssel, Kohlenkalk in weiter Entfernung; Paris, Vanne-
Gebiet, spalten- und dolinenreiche Kreide, Entfernung der
Infektionsstellen gelegentlich bis zu 140 km!! (S. 96), sicher
zwei große Epidemien; sehr wahrscheinlich Paderborn 1885,
1887, 1893, 1898, Plänerkalk, stark zerklüftet[3]); Beverley,

[1]) Im Vanne-Gebiet bei Paris hat man experimentell gezeigt,
daß Hefezellen in dem unterirdisch fließenden Wasser lebend
20 km weit transportiert wurden.

[2]) Soest in Westfalen 1889 und 1892.

[3]) Hier ist der Zusammenhang der Paderquellen mit ver-
sunkenen Bächen durch Stilles eingehende Untersuchungen ein-

3*

England, 1889, versunkener Bach, Kalkstein; Bar-le-Duc 1889, 4 km Entfernung, Kalkstein; Besançon 1893, 3 km, 93 Stunden Durchlaufzeit! Kalkstein.

In fast all' den aufgeführten Fällen beruhte die Infektion des Wassers darauf, daß Fäkalien von Typhuskranken nicht sterilisiert in den Boden oder in laufendes Wasser gelangten und durch Versickerung von Oberflächenwasser durch Spalten des Gesteins in rasch zirkulierendes Bodenwasser gerieten.

Als Nutzanwendung für den gegenwärtigen Krieg ist die äußerste Vorsicht in den Jurakalkstein-Gebieten Lothringens und den Kreidekalkstein-Gebieten der Champagne anzuraten. Selbst wenn die eigentlichen Typhuskranken so rasch wie möglich aus diesen Gebieten in weiter zurückliegende Etappen befördert werden, muß man doch berücksichtigen, daß unter den Gesunden und vor allen Dingen unter den als geheilt zurückkehrenden Mannschaften sich oft eine nicht unerhebliche Anzahl von sog. Bazillenträgern befindet, durch deren Abgänge mit Leichtigkeit neue Typhusepidemien erzeugt werden können[1]). Es ist also dort unbedingt zu vermeiden, die Fäkalien ohne genaue Untersuchung des Bodens diesem anzuvertrauen. Insbesondere besteht die äußerste Gefahr da, wo über klüftigen Kalksteinen dünne Verwitterungslehmdecken ausgebreitet sind, die den Anschein der Undurchlässigkeit erwecken. Entstehen in ihnen bei Trockenheit Risse, oder sind in ihnen Steine in größerer Zahl vorhanden, so lassen sie, wie auf S. 9 erwähnt, Wasser sehr leicht durchsickern.

Dabei wolle man stets berücksichtigen, daß selbst in sonst undurchlässigen Böden die Wühlgänge von Tieren (z. B. Maulwürfen, Mäusen, Regenwürmern usw.) und die verwesenden Wurzeln von Pflanzen (besonders Bäumen und Sträuchern) bequeme Einsickerungswege für Verunreinigungen erzeugen können.

wandfrei bewiesen. »Geologisch-hydrologische Verhältnisse im Ursprungsgebiete der Paderquellen zu Paderborn«. Abhandl. Kgl. preuß. geol. Landesanstalt, N. F., Heft 38, Berlin 1903. (Preis ℳ 8.)

[1]) Bei der Diskussion meines Vortrages erfuhr ich, daß in dieser Hinsicht bereits alle notwendigen Vorsichtsmaßregeln getroffen sind.

Starke Quellen der Kalksteingebiete sind von vorn-
herein verdächtig, sog. »Flußquellen« (= Scheinquellen =
Vauclusische Quellen) zu sein, d. h. Austrittsstellen versunkener und eine Strecke weit unterirdisch gelaufener Bäche.

Zur äußersten Vorsicht wird dabei, wie auch sonst, stets
die Beobachtung führen, daß sich eine Quelle nach stärkeren
Regengüssen trübt. Es wird dann stets auch die Möglichkeit
einer Verunreinigung durch gesundheitsschädliche Stoffe vorliegen.

Verdächtig und oft wirklich gefährlich ist für Brunnen
und Quellen die Nachbarschaft von Steinbrüchen, weil in
ihnen nicht bloß der meist stark zerspaltene Felsuntergrund
mit seinen Klüften völlig bloßgelegt ist, sondern auch die
Fäkalien der Arbeiter vielfach ohne jede Vorsichtsmaßregel
über den Boden zerstreut werden.

Läßt es sich also nicht vermeiden, daß große Mengen
von Fäkalien an gefährlichen Stellen dem Boden anvertraut
werden, so sorge man für gutschließende, tragbare Behälter
und entleere sie nur an Stellen, die von Geologen vorher
sorgfältig ausgewählt sind. Wenn irgend möglich wird in
solchen Gegenden natürlich der zu Rate gezogene Geologe
mit dem Hygieniker zusammenarbeiten.

Für alle Gebiete, in denen es infolge der Bodenbeschaffen-
heit leicht möglich ist, raschfließendes Bodenwasser zu ver-
unreinigen, empfiehlt es sich, die Fäkalien an ausgewählten
ungefährlichen Stellen zu zentralisieren, sie aber nicht in
zahlreichen Einzelaborten in den Boden gelangen zu lassen.
In dieser Hinsicht bitte ich das Folgende zu beachten.

Die Amerikaner haben bei Truppenansammlungen in
Texas ein eigentümliches Verfahren angewandt, das unter
Umständen auch bei uns anwendbar wäre. Sie ziehen 5 m
lange, 0,60 bis 0,75 m breite, 1,80 bis 2 m tiefe Gräben, und
bedecken sie mit dichtschließenden Deckeln. In diese Gräben
werden die Entleerungen und sonstigen Abfälle hineingeworfen.
Jeden Morgen werden 3 l »Öl« (Petroleum?) und 15 Pfund
Stroh darin verbrannt, um Insekten (Fliegen!) und ihre Larven
abzutöten. Wo das Grundwasser aber hoch steht, werden
oberirdische Anlagen geschaffen, in denen ebenfalls durch

Verbrennen wenigstens die Gefahr der Übertragung der Keime durch Insekten ausgeschlossen wird[1]). Selbstverständlich müßte man aber die Gräben in ganz undurchlässigem Boden anlegen.

Ich gehe auf diese Fragen, die ja eigentlich keine geologische Bedeutung mehr haben, deshalb ein, weil eben oft genug der Geologe im Kriege gezwungen sein wird, in Ermangelung der Anwesenheit eines Hygienikers, anzugeben, wo und wie solche Anlagen gemacht werden sollen.

Die Düngung von Feldern mit festem Mist scheint nach den Erfahrungen der Hygieniker meist ungefährlich zu sein, sei es, daß in dem Mist die Krankheitskeime schon abgestorben sind, sei es, daß sie im Freien nach der Ausstreuung sehr rasch absterben[2]). Eine gewisse Vorsicht ist aber doch empfehlenswert, insbesondere wird man das Ausstreuen des Mistes in der unmittelbaren Umgebung von Quellen und Brunnen zu verbieten haben.

Durch flächenhafte Düngung von Feldern mit Jauche und Pfuhl (dem durch Wasser verdünnten Inhalt von Abortgruben), sowie durch Schmutzwasser von Ortschaften und Städten sind nachweislich wiederholt Infektionen entstanden, indem die Flüssigkeiten durch den durchlässigen Boden in das Grundwasser gelangten. Fließt dies sehr langsam und wird es gut filtriert, dann ist eine Gefahr für hinreichend entfernte Brunnenanlagen nicht vorhanden. Ist der Boden aber sehr durchlässig oder rissig, so können schwere Epidemien entstehen[3]).

---

[1]) Sanitäre Maßnahmen im Felde. Siehe d. Zeitschrift: Gesundheit, Jahrg. 40, 1915, Nr. 22, S. 345 bis 347.

[2]) Eine Ausnahme machen die sehr dauerhaften Milzbrandsporen.

[3]) Lesenswert ist für den, der sich für solche Fragen interessiert, auch die schöne, wenn auch in den hygienischen Fragen mittlerweile zum Teil überholte Arbeit von O. v. Linstow: Die Grundwasserverhältnisse zwischen Mulde und Elbe südlich Dessau und die praktische Bedeutung derartiger Untersuchungen. Zeitschr. f. prakt. Geologie 1905, Jahrg. 13, S. 121 bis 135.

An manchen Orten der Aufschüttungsebenen mit tiefem Stande des Grundwassers benutzt man alte Kiesgruben als Versickerungsstellen für Fäkalien und Schmutzwässer[1]). Hier ist zu berücksichtigen, daß selbst die groben Poren der Kiese und erst recht die feineren der Sande sich nach nicht sehr langer Zeit verstopfen, so daß die Geschwindigkeit der Versickerung rasch abnimmt. Je rascher sie aber ist, um so mehr ist eine Gefahr der Infektion für die im Sinne des Grundwasserstromes abwärts gelegene Wasserentnahmestelle da. Man wird also unbedingt wenigstens die Richtung des Grundwasserstromes festzustellen haben, was ja keine technischen Schwierigkeiten macht, und bei unbekannter Größe der Geschwindigkeit des Grundwassers lieber einen zu weiten als einen zu geringen Abstand einhalten.

Um die Richtung des Grundwasserstromes zu bestimmen, braucht man, wenn Karten mit Grundwasserkurven vorliegen, nur die Lote auf diesen letzteren, und zwar natürlich in der Richtung von der höheren zu der tieferen Kurve zu ziehen. Stehen solche Karten nicht zur Verfügung, so muß man theoretisch an drei, praktisch besser an zahlreicheren Stellen die Höhe des Grundwasserspiegels messen. Man wird dazu selbstverständlich erstens einmal die bereits bestehenden Brunnen benutzen, in Ermangelung solcher aber den Grundwasserspiegel, sei es in Gruben, sei es in rasch herstellbaren Schlagbrunnen (= Abessinierbrunnen = Nortonbrunnen) freilegen und messen. Da das Gefälle des Spiegels meist sehr gering ist, wird man die Abstände der Beobachtungsstellen nicht zu klein, jedenfalls nicht unter 10 m wählen dürfen, damit etwaige Messungsfehler keinen zu großen Einfluß ausüben. Wenn irgend möglich, sollten solche Messungen aber von bereits darin geübten Wassertechnikern (also Brunnenbauern usw.) ausgeführt werden[2]).

---

[1]) Z. B. in Kirchheim bei Heidelberg, früher auch in Friedrichsfeld bei Heidelberg.

[2]) Die Methoden dieser Messungen sind genau bei Lueger-Weyrauch beschrieben. S. 467, 483 bis 486, 509 bis 511.

c) Abstände der Quellen und Brunnen von Verun-
reinigungspunkten, Schutzzonen.

Früher ging man in der Anlage von Brunnen ebenso wie
in der Bebauung und Benutzung von Quellgebieten außerordentlich unvorsichtig vor. Eine Tatsache, auf die Albert
Heim in seinem lesenswerten Vortrage über Quellen[1]) und
Gärtner besonders hinweisen, ist z. B. die, daß man Siede-
lungen gewöhnlich nicht unterhalb der Quellen, sondern
unmittelbar oberhalb von ihnen anzulegen pflegte. Einerseits
wollte man nahe an dem Wasser sein, andererseits die oft
nassen Stellen unter den Austrittspunkten vermeiden. Wurde
die Zahl der Häuser größer, so baute man rund um die Quellen
herum und tat also auf diese Weise wirklich alles, was man
tun konnte, um Verunreinigungen des Wassers herbeizu-
führen. Noch heute kann man auf dem Lande oft mitten in
einem Bauernhof an der tiefsten Stelle des Geländes in fried-
licher Eintracht nebeneinander Brunnen, Mistgrube und
Abortgrube antreffen. In einem belgischen Badeorte habe
ich vor einer Reihe von Jahren in einem großen Hotel festgestellt, daß der Brunnen des Hotels unmittelbar neben der
Grube lag, die die stark verdünnten Fäkalien der Wasser-
aborte aufnahm. Dabei bestand der Boden aus dem sehr
durchlässigen Dünensande!

Fragt man nun nach den Abständen, die eingehalten
werden müssen, um Gefahr zu beseitigen, so läßt sich eine
allgemein gültige Antwort natürlich nicht geben, da das von
der Durchlässigkeit des Bodens, von der Art der Verunreinigung und von anderen örtlichen Verhältnissen abhängt.
Immerhin wird man beherzigen, was Gärtner (Hygiene des
Wassers, S. 479) darüber sagt:

»Gelangen verunreinigende oder infizierende Stoffe in
die Depressionszone[2]), so sind sie um so gefährlicher, je
näher zum Brunnen sie deponiert werden. Die nächste
Nähe der Brunnen bedarf daher des intensivsten Schutzes;
daher sollen die Brunnen in einem Umkreis von mehreren

---

[1]) Basel 1885, Schweighauserische Verlagsbuchhandlung, S. 19.
[2]) Also den beim Pumpen entstehenden Absenkungstrichter.

Metern umzäunt oder gepflastert, mit einer starken Zement-
schicht oder mit Tonschlag umgeben werden, entsprechend
den Verhältnissen.

Die »Schutzzone« der Hausschachtbrunnen kann an
sich klein sein, da bei der gewöhnlich geringen Menge des
entnommenen Wassers das Depressionsgebiet klein ist.
Im allgemeinen muß man sich schon zufrieden geben,
wenn die Umgebung des Brunnens sauber ist und wenn
sich Schmutzanhäufungen nicht in seiner unmittelbaren
Nähe befinden. Abortgruben, Jauchegruben, Miststätten,
Stallungen mit durchlässigen Böden sollen mehr als 10 m
von dem Brunnen entfernt sein, ausgehend von der Idee,
daß die Depressionszone meistens nicht weiter reicht, die
Krankheitskeime also nicht lebend diesen Weg passieren.
Das Waschen am Brunnen darf nicht gestattet werden.
Gut ist es, wenn der Brunnen nicht auf dem Hofe zu stehen
braucht, wenn er in den Garten gebracht und mit einem
Fleck Rasen umgeben werden kann, ohne den eigenen und
den nachbarlichen Dungstätten usw. zu nahe zu kommen.
Auf die Notwendigkeit der Dichtheit aller Schmutzstätten
ist schon hingewiesen. Schmutzwasserrinnen irgendwelcher
Art dürfen nicht an dem Brunnen vorbeiführen.«

Weyrauch (a. a. O. S. 101) hebt hervor:

»Solche Erfahrungen lassen es berechtigt erscheinen,
wenn Kabrhel (Arch. f. Hygiene Bd. 68, Heft 3) die Ansicht ausspricht, sobald der natürliche Grundwasserspiegel
längs einer Fassung von 2 bis 3 m Boden bedeckt sei, könne
die normale Bodenbearbeitung mit Düngung[1]) keine Schä-
digung des Grundwassers hervorrufen. Jedenfalls reicht
1 m starker Lehmboden für die Keimfreiheit des Grundwassers aus, wenn nicht Überschwemmungen zu befürchten
sind. Ausschlaggebend sind jedoch die nach längeren
Trockenperioden sich im Boden bildenden Risse,
durch die bei Regenfällen die Bakterien tief in den Boden
hineingespült werden können. Aus diesen Gründen wird

---

[1]) Zweckmäßiger verwendet man nur die hygienisch unschäd-
lichen »künstlichen Düngemittel«.

man stets zu beiden Seiten der Fassung einen Schutzstreifen von mindestens je etwa 8 bis 10 (manchmal bis zu
25 und mehr) m Breite stehen lassen (vgl. Kabrhel a. a. O.).
Der Schutzstreifen darf jedoch wohl angepflanzt werden;
Preiß empfiehlt dies sogar, da die Wurzeln eingedrungene
Verunreinigungen ansaugten und die Grundluft verbes-
serten.«

Hierzu und überhaupt zu den vorhergehenden Erörterungen habe ich folgendes zu bemerken: Anpflanzungen
halte ich für gut, wenn keine tiefwurzelnden Bäume, Sträucher
und Kräuter gewählt werden, die, wie schon auf S. 20 angegeben, oft Infiltrationskanäle erzeugen, sobald die Wurzeln
absterben. Wie tief Wurzeln selbst von Kräutern im Boden
hinunterwachsen, dafür habe ich einmal ein bemerkenswertes
Beispiel in Brötzingen bei Pforzheim in einem Tripelbergwerk
gesehen. In einem wesentlich nur mit Klee, aber auch mit
Unkräutern bestandenen Felde war ein Schacht bis zu einer
Tiefe von 7 bis 8 m abgeteuft, von dessen Sohle ein Stollen
wagerecht abging. An einer Stelle wuchs durch das Dach
des Stollens eine lebende Pflanzenwurzel herunter. Dabei
war an der Erdoberfläche nur ganz wenig mächtiger lockerer
Boden vorhanden. Mehrere Meter des Stollendaches bestanden
sicher aus festen, flachliegenden Gesteinsschichten des mittleren Muschelkalkes.

Ferner möchte ich betonen, daß die von Weyrauch
und Gärtner angegebenen Zahlen von 8 bis 10 m Abstand
jedenfalls als Minimalzahlen angesehen werden müssen.
Wenn möglich, sollte man wenigstens 15 m wählen. Sobald
der Boden aber aus kiesigen oder anderen grobporigen Gesteinen besteht oder gar nur eine dünne Decke von undurchlässigem Material über klüftige Gesteine ausgebreitet ist, wird
man unbedingt viel größere Abstände zu wählen haben.

d) Quelltöpfe, Wasserlöcher und andere offene An-
sammlungen von Wasser

sehen dem Durstenden oft verlockend aus. Es ist natürlich
nur dem Hygieniker möglich, zu entscheiden, ob das Wasser
einwandfrei ist oder nicht. Der Geologe wird gut tun, bis zur

Untersuchung durch den Hygieniker vor der Benutzung zu
warnen, weil die Gefahr und Wahrscheinlichkeit einer Verunreinigung außerordentlich groß ist. Die nicht naturwissen-
schaftlich gebildeten Bewohner wasserarmer Gegenden pflegen
klare Wasseransammlungen ohne weiteres zu benutzen und
lassen sich selbst durch ein makroskopisch nachweisbares
reiches Tierleben in dem Wasser nicht im mindesten davon
abhalten. Ein ergötzliches Erlebnis dieser Art erzählte mir
vor Jahren Herr Privatdozent Dr. Wurm, Heidelberg. In
Aragonien wurde er auf seine Frage nach Wasser von einem
Hirten zu einem von Krebschen und anderen kleinen Tieren
wimmelnden Tümpel geführt. Als er sagte, daß das Wasser
doch nicht gesund sein könne, erwiderte der Führer erstaunt:
»Sehen Sie denn nicht, daß viele kleine Tiere darin leben?
Wenn es ungesund wäre, würden sie es nicht darin aushalten.«
Bei dieser Gelegenheit möchte ich auch darauf hinweisen, daß
selbst geschlossene Brunnen und Quellstuben, wie übrigens
auch Gärtner drastisch schildert, sehr oft stark verschmutzt
sind. Ich selbst habe einmal in einem zum Trinken benutzten
laufenden Brunnen einer berühmten Gastwirtschaft einer
deutschen Stadt zahlreiche weiße Würmer gefunden. Als ich
den Wirt daraufhin fragte: »Kommen denn in dem Wasser
nicht kleine weiße Tierchen vor?« antwortete er mir harmlos:
»Ja, so Fisch' hat's viele.«

Ich habe dann die Quellstube untersucht und festgestellt, daß sie sehr stark verschmutzt war. Sogar die Granit-
spalten, aus denen das Wasser hervordrang, waren durch
Schmutz so verstopft, daß die Wassermenge nach ihrer Reinigung stark zunahm. Es ist also im Stellungskrieg wie im
Frieden bei Untersuchungen von Quellen stets sowohl für den
Geologen wie für den Hygieniker notwendig, trotz aller Ver-
sicherungen der Besitzer und Benutzer sich persönlich von
dem Zustande der Fassungen zu überzeugen.

V. Das Aufsuchen von Grund- und Quellwasser.

Ich kann an dieser Stelle natürlich nicht die in allen
Lehrbüchern der Geologie und besonders all den Lehr- und
Handbüchern der Quellenkunde ausführlich dargestellten

Einteilungsarten der Bodengewässer eingehend behandeln,
sondern verweise den Leser, der sich ausführlich unterrichten
will, in erster Linie auf die schon wiederholt erwähnten Bücher:
Keilhack, Lehrbuch der Grundwasser- und Quellenkunde,
Berlin 1912 bei Bornträger; Höfer, Grundwasser und Quellen,
Braunschweig 1912 bei Vieweg & Sohn; Lueger-Weyrauch,
Die Wasserversorgung der Städte, 2. Aufl., Leipzig 1914 bei
Kröner. Lesenswert ist ferner in der Schrift von A. Steuer:
Die Entstehung des Grundwassers im hessischen Ried (Sonderabdruck aus der Festschrift zum 70. Geburtstage von A. v. Koe-
nen, Stuttgart 1907 bei Schweizerbart) der allgemeine Abschnitt über das Grundwasser auf S. 142 bis 153[1]). — Etwas
veraltet, aber in mancher Hinsicht doch noch brauchbar, ist
auch das Büchlein von H. Haas, Quellenkunde, Leipzig 1895
bei J. J. Weber. Ich sehe hier auch ganz von allen Fragen ab,
die nur eine wissenschaftliche, aber keine unmittelbar praktische Bedeutung haben wie die, ob und welcher Anteil des

---

[1]) Bedauerlicherweise definieren zwei unserer besten Wasser-
kenner, Keilhack und Steuer, den Begriff Grundwasser verschieden. Steuer versteht darunter nur »das in lockeren und
losen, im wesentlichen in diluvialen Ablagerungen auftretende
Bodenwasser« (S. 147). Keilhack versteht darunter »im Gegensatz
zum Oberflächenwasser alles unter der Erdoberfläche befindliche,
auf natürlichem Wege dorthin gelangte flüssige Wasser« (S. 67).
Es ist also Steuers Bodenwasser = Keilhacks Grundwasser.
Höfer folgt Steuers, Weyrauch mehr Keilhacks Definition, spricht aber auch im Steuerschen Sinne von Bodenwasser und versteht unter »Grundwasser im speziellen« dasselbe
wie Steuer unter Grundwasser im allgemeinen. Ich will daher,
bis eine Einigung erfolgt ist, in dieser hauptsächlich für geologische
Laien bestimmten Schrift auch Grund- und Bodenwasser im Steuerschen Sinne trennen, weil die Laienwelt wohl unter Grundwasser
meist das Wasser der lockeren Ablagerungen versteht.
  Eine Fülle von wichtigen Angaben allgemeiner und örtlicher
Art enthalten vier Arbeiten von L. van Werveke, die im ersten
Heft des zehnten Bandes der Mitteilungen der geologischen Landesanstalt von Elsaß-Lothringen 1916 erschienen sind. Leider habe
ich sie erst während der Korrektur meines Vortrages genauer ge-
lesen und konnte sie daher im Text nicht mehr verwenden.

Bodenwassers als juvenil im Gegensatz zu dem vadosen Sickerwasser anzusehen ist, ob es Kondensationswasser im Sinne von Aristoteles-Volger oder im Sinne von Mezger im Boden gibt oder nicht.

1. Grundwasser in Aufschüttungsebenen

(z. B. Oberrheinische Ebene, Flandern, große Teile von Polen und Westrußland).

Grundwasserströme sind stets an die Oberfläche von undurchlässigen Schichten gebunden, über denen durchlässige Schichten ein Ansammeln und Durchfließen des Wassers gestatten. Sie stauen sich auf der undurchlässigen Schicht, sammeln sich in den Mulden so lange an, bis sie sie ausgefüllt haben und fließen dann weiter. In all' den für uns in Betracht kommenden Gebieten, in denen die undurchlässigen Schichten nicht ungewöhnlich mächtig werden, kann man daher im allgemeinen mit größter Wahrscheinlichkeit darauf rechnen, überall in nicht sehr großen Tiefen auf Grundwasserströme zu stoßen. Das Auffinden des Wassers ist also ohne weiteres für jeden möglich. Fraglich kann nur die Tiefe des Grundwasserspiegels und die Menge des verfügbaren Wassers sein. Da es sich im jetzigen Kriege überall um Gegenden handelt, in denen Ansiedelungen mit Brunnen vorhanden sind, wird man aus der Tiefe der Spiegel in nicht unmittelbar vor der Beobachtung stark benutzten Brunnen ohne weiteres wenigstens ungefähr auf die Tiefe des Grundwasserspiegels schließen dürfen. Man muß aber dabei berücksichtigen, daß der Spiegel in nassen Zeiten stark steigen kann, was auch bei der Anlage von Unterständen und Gräben schon in Betracht kommt. Ferner ist es wichtig, sich klar zu machen, daß in den genannten Ebenen, in denen die lockeren Aufschüttungen größere Mächtigkeit erreichen, meist mehrere »Grundwasserstockwerke« übereinander vorhanden sind, getrennt durch undurchlässige, tonige, lehmige oder feinsandige Schichten. In solchen Fällen kann man unter Umständen unter einem verseuchten oder chemisch ungeeigneten Grundwasserstrom in geringer Tiefe ein zweites brauchbares Stockwerk erreichen und ausnutzen. Insbesondere in Festungen, in denen man sich auf längere Zeit einrichtet, wird das oft in Frage kommen. Kranz führt in seiner Schrift über Militärgeologie[1]) einen solchen Fall an. Sehr wichtig ist es für die Praxis, daß an manchen Orten das Wasser der tieferen Stockwerke in weiterer Entfernung in Bezug auf den hydrostatischen Druck in Verbindung mit den höheren Stockwerken steht, und daher im Brunnen bis ungefähr zur Höhe des oberen Grundwasserspiegels steigt, obwohl es chemisch und bakteriologisch von dem oberen Wasser völlig verschieden sein kann. Es ist also in solchen Fällen nur darauf zu achten, daß das Brunnenrohr gegenüber dem oberen Stockwerk genügend abgedichtet ist, damit keine Vermischung der beiden Wasserarten stattfinden kann. Eine wissenschaftlich genaue Feststellung des Wasservorrates wird im Stellungskriege kaum je in Frage kommen. Man wird sich da durch Beobachtung der Absenkung beim Pumpen sehr rasch und für die zu beachtenden Zwecke genügend über die verfügbaren Mengen unterrichten können. Bei dauernden Anlagen würde man dagegen sorgfältiger vorgehen müssen, um nicht schwere Enttäuschungen zu erfahren; denn die in Laienkreisen, z. B. in manchen Gemeindeverwaltungen, noch immer verbreitete Anschauung, daß Grundwasser unerschöpflich sei, trifft natürlich nicht zu.

Ganz anders gestalten sich die Verhältnisse in erheblichen Teilen des östlichen Kriegsschauplatzes, wo in dem lockeren Boden mächtige Grundmoränenmassen, der sog. Geschiebemergel Norddeutschlands, stecken. Diese Bildungen, die Moränen der diluvialen skandinavischen Gletscher, sind für Wasser im allgemeinen ganz undurchlässig. Sie können so mächtig werden, daß man sie mit den gewöhnlichen Brunnen nicht mehr durchteufen kann. Hier kommt es darauf an, durch geologische Untersuchung des Bodens, auch in weiterer Umgebung, festzustellen, wo entweder die Grundmoränen ganz fehlen oder erst in solcher Tiefe vorhanden sind, daß sie als Wasserstauer für die höheren Bodenmassen dienen, oder

---

[1]) Kriegstechn. Zeitschrift 1913, Heft 10, S. 5.

endlich so gering mächtig sind, daß sie noch mit nicht zu großem Zeitaufwand durchteuft werden können. Es ist wohl als ausgeschlossen zu bezeichnen, daß diese Aufgaben von anderen als fachmännisch geschulten Geologen gelöst werden können. Von großer Bedeutung wird es für solche Gebiete sein, schon vor dem Kriege möglichst viel Material an Karten und Profilen gesammelt zu haben. Denn im Kriege läßt sich das vielfach nicht improvisieren. Selbst die großen geologischen Institute und Büchereien der Hochschulen und die Landesanstalten haben meist nur einen oder im besten Falle wenige Abzüge der geologischen Karten aus Feindesland zur Verfügung und sind meist nicht in der Lage, diese den kämpfenden Truppen mitzugeben, weil sie ja auch zu Hause oft genug Anfragen über solche Gebiete auf Grund der Karten beantworten müssen.

2. Schichtquellen bei flacher Lagerung der Schichten (z. B. Nordost-Frankreich, Côtes Lorraines, Champagne).

Im Gebirge oder Hügellande ist das Vorhandensein von Wasser am leichtesten bei flacher Lagerung der Schichten vorauszusagen. Man hat dabei hauptsächlich zwei Fälle zu unterscheiden, nämlich a) den, daß durchlässige Gesteine in großer Mächtigkeit über undurchlässigen liegen, und b) den, daß die durchlässigen Gesteine nur verhältnismäßig unbedeutende Zwischenlagen innerhalb der durchlässigen Bildungen darstellen. Betrachten wir zunächst den ersteren Fall.

a) Die durchlässigen Gesteine überlagern in größerer Mächtigkeit die undurchlässigen.

Der ganze obere Teil eines Berges oder Hügels bestehe aus durchlässigem Sandstein, Kalkstein usw. In der Tiefe streicht rings um den Berg eine undurchlässige Schicht (Ton, Mergel oder ähnliches) aus. Sind zahlreiche Aufschlüsse vorhanden, so ist die obere Grenzlinie der quellstauenden Schicht leicht festzustellen. Es ist aber irrig, nun anzunehmen, daß rings um den Berg herum Quellen in dieser Linie zu erschürfen wären. Denn so gut wie alle durchlässigen festen Gesteine sind von Spaltensystemen durchsetzt. Und zwar scheinen in

den meisten Gebieten der Welt zwei annähernd senkrecht zur
Schichtung und annähernd senkrecht aufeinanderstehende
Kluftgruppen entwickelt zu sein. Diese Klüfte leiten je nach
ihrer Stärke und Häufigkeit das Wasser in bestimmte Rich-
tungen, und es werden daher die Quellaustrittsstellen un-
gleichmäßig verteilt sein. Ebenso wird eine Neigung der
quellstauenden Schicht das Wasser in höherem Maße nach
der Seite der Fallrichtung als nach der entgegengesetzten
Seite leiten. Doch ist es nicht richtig, es nur auf der tieferen
Seite zu erwarten. Denn das Wasser fließt im Innern des

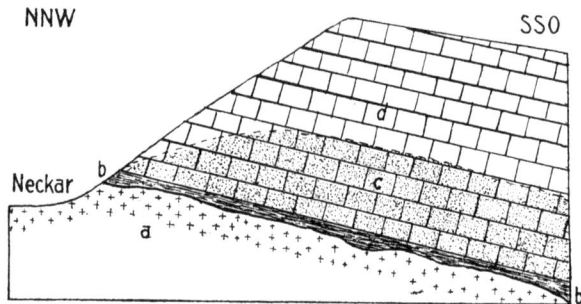

Fig. 2. **Schematisches Profil des Königstuhls bei Heidelberg.**
a Granit. b Rotliegendes, Zechstein' und undurchlässige Tone des untersten
Buntsandsteins. c Wasserkuppe innerhalb des Buntsandsteins (schematisch).
d wasserfreier Buntsandstein.

Berges, wie übrigens auch in den Grundwassergebieten der
Ebene nicht etwa in der Richtung des Gefälles seines Unter-
grundes, sondern in der Gefällsrichtung seiner eigenen Ober-
fläche ab. Diese aber ist im Innern von Bergen gewölbt.
(Siehe Fig. 2.) So fließt z. B. das Buntsandsteinwasser des
Königstuhles bei Heidelberg trotz der etwa nach SSO gerich-
teten Neigung der Schichten auch auf dem Nordhange des
Berges heraus.

Meist werden aber im mitteleuropäischen Klima und im
Hügellande, ja auch noch in den niedrigeren Mittelgebirgen,
die Aufschlüsse gar nicht so zahlreich vorhanden sein, daß
man aus ihnen ohne weiteres die obere Grenze der quellstauenden Schicht festlegen kann. Hier ist der Geologe viel-
mehr gezwungen, mit den Lesesteinen des Gehängeschuttes

zu arbeiten. Und es gilt die selbstverständliche Regel, die
Grenze über den obersten Lesesteinen der unteren Schicht,
ja nicht aber unter den untersten Steinen der oberen Schicht
zu ziehen. Denn es steht fest, daß der Gehängeschutt nicht
dauernd stilliegt, sondern eine Neigung hat, langsam an den
Gehängen herunter zu kriechen (Götzingers »Gekriech«).
Immerhin ist diese Bewegung so gering, daß sie nach meinen
Erfahrungen meist keine sehr bedeutenden Fehler hervorrufen
würde. Eine viel wichtigere und bisher noch wenig in ihrer
Ausdehnung und ihrem quantitativen Betrage festgestellte
Erscheinung ist aber die, daß in der Diluvialzeit sehr viel
größere und raschere Bewegungen des lockeren Verwitterungs-
bodens stattgefunden haben als in der Gegenwart. Ich meine
das sog. Bodenfließen, I. G. Anderssons »Solifluktion«.
Ich habe dieser in der Gegenwart in den polaren und sub-
polaren Gebieten allgemein verbreiteten, aber auch in unseren
Hochgebirgen beobachteten Erscheinung eben eine kurze
Darstellung in der Geologischen Rundschau, Bd. VII, Heft 1
gewidmet und darin gezeigt, daß offenbar eine erhebliche
Zahl der Bodenformen unserer deutschen und wohl auch der
französischen Mittelgebirge nur unter Annahme weitgehenden
Bodenfließens in der Diluvialzeit erklärbar ist. Die Felsen-
meere unserer Mittelgebirge, ausgedehnte Bodenrutschungen
in den Mergel- und Tongebieten, ein Teil des Hakenschlagens
der Schichtköpfe und viele ähnliche Erscheinungen sind wohl
meist nicht auf das Gekriech der Gegenwart, sondern auf
diluviales Bodenfließen zurückzuführen. Und dies hat an
vielen Stellen die tieferen Hänge unserer Hügel und Berge
bis weit hinunter mit Schuttmassen der höheren Gehänge
überschüttet. So findet man z. B. bei Heidelberg die wider-
standsfähigen Gesteine der obersten Abteilung des mittleren
Buntsandsteins an einzelnen Stellen tief an den unteren
Hängen der Berge über den älteren Bildungen abgelagert.
Wollte man also hier nach den Lesesteinen allein kartieren
und gar nach ihnen Schichtquellen aufsuchen, so würde man
zu sehr groben Fehlern kommen. Ich halte es für ausgeschlossen, daß Nichtfachgeologen imstande sein sollten, die
sich daraus ergebenden Schwierigkeiten zu überwinden; und

selbst dem Fachmann wird es oft große Mühe und Zeitverlust
verursachen, ehe er in solchen Gebieten zu einwandfreien Er-
gebnissen kommt. Er wird sich daher auch all der Wasseranzeichen bedienen, die uns die Natur in anderer Weise bietet.
Er wird aus dem Auftreten von feuchtigkeitsliebenden Pflanzen, im Winter aus dem Grünbleiben des Rasens und anderer
Kräuter, aus dem raschen Abschmelzen des Schnees an bestimmten Punkten, aus der Bildung von Eisansammlungen
Stellen erkennen, an denen Wasser zu erwarten ist. Er wird
Terrainmulden und Trockentäler vor den Rücken bevorzugen
und all die ähnlichen Methoden und Kniffe anwenden, die den
Wassersuchern bekannt sind[1]).

b) Die durchlässigen Schichten sind in geringer
Mächtigkeit den undurchlässigen eingelagert.

Hier kommt alles darauf an, ob die durchlässigen Schichten überhaupt Wasser von irgendwoher in größerer Menge
aufnehmen können. Das wird im allgemeinen nur bei geneigter
Lagerung der Schichten der Fall sein (z. B. Pariser Becken).
Wenn der Ausstrich der durchlässigen Schicht dann eine größere
Fläche bedeckt, so können sich sehr erhebliche Massen von
Wasser in der Schicht ansammeln, und man wird dies Wasser
überall, wo die Schicht durch Brunnen oder Bohrungen er-
reichbar ist, antreffen. Ja, sehr häufig wird dieses Wasser
artesischen Auftrieb haben und damit in erheblichen Mengen
bequem gewonnen werden können. Bekanntlich beruht auf
dieser Tatsache die Erbohrung des sehr leistungsfähigen artesischen Brunnens von La Grenelle bei Paris. Da man bei
dieser Art der Wassergewinnung im allgemeinen mit größerer
Tiefe zu rechnen hat und eine genaue Kenntnis des geologischen Baues auch der weiteren Umgebung Voraussetzung
ist, so wird auch hier wohl nur der Fachgeologe als Berater
in Betracht kommen. Dringend notwendig ist es aber auch
hier, schon im Frieden das notwendige Karten- und Profil-

---

[1]) Sie sind zusammengestellt und ausführlich beschrieben bei
Lueger-Weyrauch, a. a. O. S. 453 bis 466 und bei Keilhack,
a. a. O. S. 421 bis 432.

material gesammelt zu haben. Im gegenwärtigen Kriege kommt diese Art der Wassergewinnung für manche Gebiete von Nordost-Frankreich in Frage.

3. Schichtquellen bei steiler Lagerung der Schichten und Spaltenquellen (Verwerfungs- und Kluftquellen).

So sehr sich auch in theoretischer Hinsicht die beiden hier zusammengefaßten Quellgruppen unterscheiden, so ähnlich gestaltet sich vielfach ihre praktische Behandlung. Beiden ist es im Gegensatz zu den im vorhergehenden behandelten Wassergruppen gemeinsam, daß sie nicht flächenhaft unter der Oberfläche verbreitet sind, sondern schmale Adern bilden. Es ist daher viel schwerer, ihr unterirdisches Vorhandensein genau örtlich zu begrenzen. Dabei sind wieder unter den Spaltenquellen diejenigen zu unterscheiden, welche größeren Verwerfungen folgen (Verwerfungsquellen) und die, welche den tektonischen Spaltensystemen der Sedimente oder den Schrumpfungsspalten der Erstarrungsgesteine folgen (Kluftquellen). Bei den hier in Betracht kommenden Schichtquellen und den Verwerfungsquellen hat der Geologe nach Untersuchung des Geländes noch ein verhältnismäßig leichtes Spiel. Er kann das Ausstreichen der zwischen undurchlässigen Bildungen eingelagerten wasserdurchlässigen Schichten, ihre tektonischen Mulden und die größeren Verwerfungen leicht verfolgen, und wird besonders unter Benutzung der auf S. 34 besprochenen Wasseranzeichen wohl in vielen Fällen mit einem hohen Grade von Wahrscheinlichkeit passende Stellen für Wasserschürfung angeben können. Im Kalksteingebirge ist hier sogar noch ein anderes sehr gutes Kennzeichen unterirdischer Wasserläufe und -Adern in Gestalt reihenförmig angeordneter Erdfälle (Dolinen) vorhanden, wie ich sie z. B. ganz typisch auf dem Weißenstein im Schweizer Jura gesehen habe, und wie sie Stille bei seiner zitierten Untersuchung der Paderquellen beschrieben hat (a. a. O. S. 124)[1].

Ungleich schwieriger gestalten sich die Verhältnisse bei den auf Gebirgsdruck beruhenden Fugensystemen der Sedi-

---

[1] Siehe auch Lueger-Weyrauch, S. 462.

mente und den Schrumpfungsfugen der Erstarrungsgesteine.
Sie pflegen in sehr großer Zahl vorhanden zu sein und ziemlich regelmäßig über das Gelände verstreut zu liegen. Welche
von ihnen Wasser führen werden, das kann man im allgemeinen
nicht voraussagen; und man wird daher fast ganz auf die
äußeren Kennzeichen des Vorhandenseins von Wasser ange-
wiesen sein, wie sie schon auf S. 34 beschrieben wurden. Es
ist in der Tat nicht einzusehen, wie man es einem Granit-
gebiet ansehen soll, an welchen Stellen im Innern des Gesteins
die Klüfte weit genug sind, um Wasser zu führen, an welchen
nicht. Hier versagt die Geologie im allgemeinen und es wird
daher der Laie sofort an die Wünschelrute denken. Ich kann
daher nicht umhin, meine persönliche Stellung zu dieser viel-
umstrittenen Frage zu kennzeichnen[1]). Ich nehme in ihr
einen Standpunkt ein, der wohl stark von dem von der Mehrheit meiner Fachgenossen vertretenen abweicht. Ich kann
ihn freilich an dieser Stelle nur ganz kurz begründen, möchte
das aber doch im Hinblick auf die allgemeine Bedeutung der
Frage nicht versäumen. Vor allen Dingen stelle ich fest,
daß jetzt wohl die Mehrheit der wissenschaftlich gebildeten
Anhänger der Wünschelrute zugeben wird, daß es nicht die
Wünschelrute selbst ist, die — immer vorausgesetzt, daß die
Angaben der Rutengänger auch nur zu einem Teile zutreffen
— den Ausschlag gibt. Finden solche Ausschläge wirklich
in einwandfreier Weise statt, so ist es das Nervensystem des
Rutengängers, das reagiert, und die von diesen Nerven regierte
Muskulatur, die die Rute zum Ausschlag bringt. Denn der

---

[1]) Dieser Abschnitt ist zwischen dem 16. und dem 20. Dez.
1915 in Heidelberg niedergeschrieben, also, wie ich hier ausdrück-
lich hervorhebe, vor der Kriegsgeologentagung in Frankfurt a. M.
vom 7. Jan. 1916. Ich habe absichtlich kein Wort daran geändert,
obwohl dort manches gesagt wurde, was dazu Veranlassung geben
konnte. Auch erhielt ich mittlerweile die für die Beurteilung der
Wünschelrute wichtige Schrift von O. v. Linstow: »Ergebnisse
von Grundwasserfeststellungen mittels der Wünschelrute« usw.
Naturw. Wochenschrift 1916. Nr. 11, S. 161—164. Auch die schon
auf S. 28 zitierten Arbeiten von L. van Werveke enthalten
auf S. 13—16 wichtige neue Angaben.

eine Rutengänger benutzt eine Rute aus gebogenem Metall-
draht, der andere nimmt einen Haselnuß-Gabelzweig, der
dritte wieder ein anderes Holz; und es besteht also weder
in der Form der Rute noch in ihrem Material irgend eine
Übereinstimmung. Das läßt mich ausschließen, daß eine
physikalische Einwirkung von unterirdisch verborgenem Wasser
oder anderen festen Substanzen die Wünschelrute unmittelbar
zum Ausschlag bringen könne. Es bleibt aber die Möglichkeit
bestehen, daß das Nervensystem einzelner, für solche Zwecke
besonders geeigneter Menschen durch, sei es Strahlungen,
sei es Emanationen, sei es irgendwelche elektrische oder
magnetische, vielleicht überhaupt noch unbekannte Vorgänge
erregt werden kann. Trägt nun der reagierende Mensch
irgend einen Gegenstand in so unbequemer, labiler Stellung,
daß seine ganze Aufmerksamkeit notwendig ist, um diese
Stellung nicht zu verändern, dann kann in der Tat eine Re-
aktion seines Nervensystems durch Vermittelung der Muskulatur einen Ausschlag hervorbringen. Ob das möglich
ist oder nicht, ist keine geologische, sondern eine
physiologische Frage; und Physiologen, die ich danach
befragt habe, haben mir darauf in ganz verschiedener Weise
geantwortet. Die einen schließen die Möglichkeit einer Be-
einflussung aus oder hielten sie wenigstens für sehr unwahr-
scheinlich, die andern hielten sie für sehr leicht möglich. Wir
sind also gezwungen, zur Entscheidung dieser Frage die Erfahrungen, die man mit Rutengängern gemacht hat, heran-
zuziehen. Leider ist der allergrößte Teil dieser Erfahrungen
nicht in wissenschaftlich einwandfreier Weise festgelegt worden, und es scheint mir ganz unzweifelhaft, daß sich unter
den Rutengängern der Vergangenheit eine recht erhebliche
Anzahl von Leuten befunden hat, die entweder bewußt
die anderen getäuscht haben oder unbewußt sich selbst und
die anderen täuschten. Es liegt mir aber ganz fern, den guten
Glauben und die Ehrenhaftigkeit aller Rutengänger anzweifeln
zu wollen. Viele von ihnen sind unbestritten Ehrenmänner,
die von der Richtigkeit dessen, was sie tun, fest überzeugt
sind. Der Hauptpunkt aber ist der, daß es mir trotz aller
Skepsis der meisten meiner Fachgenossen denn doch scheinen

will, als ob zum mindesten in einem kleinen Teil der Fälle
die Wünschelrute an den richtigen Stellen einen Ausschlag
gegeben hat. So scheinen mir die Versuche, die Herr Berg-
assessor Behrend in dem mir persönlich bekannten Kali-
bergwerk Hänigsen bei Hannover hat vornehmen lassen, ganz
einwandfrei zu zeigen, daß einzelne einwandfreie Rutengänger beim Übergang von einem Gestein zu bestimmten
anderen Ausschläge ihrer Rute erhielten. Ich halte es daher
für dringend wünschenswert, daß unter Aufsicht von Geologen an hierzu geeigneter Stelle systematische wissenschaftliche Versuche über die Anwendbarkeit der Wünschelrute
vorgenommen werden. **Ich möchte aber gleich davor warnen,**
aus meinen Ausführungen zu schließen, daß ich die Wünschel-
rute bei dem jetzigen Kenntnisstande als ein Mittel zur Auf-
findung von Wasser empfehle. Denn wenn die Versuche von
Behrend richtig sind, wie ich glaube, so zeigen bereits sie,
daß die Rutengänger nicht bloß auf Wasser, sondern auch
auf Gesteinswechsel reagieren. Ja, wenn die Aussagen der
Rutengänger richtig sind, so gibt es solche, deren Rute bei
Vorhandensein von Gold Ausschläge gibt; bei andern zeigt
die Rute Kohle an, wieder bei anderen Petroleum oder
Salz usw. Gehe ich also mit einem Rutengänger über einem
unbekannten Untergrunde und schlägt seine Rute aus, so
weiß ich ja gar nicht, was die Rute anzeigt, ob Wasser, Erz,
Kohle oder Petroleum; und es scheint mir also zweifellos
festzustehen, daß beim gegenwärtigen Stande unserer Erkenntnis des Wünschelrutenproblems die Wünschelrute wenigstens nicht ohne Mitwirkung und Kontrolle von Geologen
zum Aufsuchen von Wasser verwendet werden darf. Ich
halte es aber für möglich, daß es in der Zukunft gelingt, eine
Einwirkung unterirdischer Substanzen auf die menschlichen
Nerven und ev. auch auf feine physikalische Instrumente
so nachzuweisen, daß die Rutengänger oder Instrumente in
den Dienst praktischer Forschungen über unterirdische Substanzen gestellt werden können.

Kehren wir nach diesen Erörterungen über die
Wünschelrute zu der Frage zurück, wie sich der Geologe in
den Gebieten der eigentlichen Kluftquellen zu verhalten hat,

so bemerke ich, daß er trotz aller Schwierigkeiten immerhin die Hände nicht ganz in den Schoß legen wird, denn in allen solchen Gebieten kommen doch auch größere Verwerfungen im festen Gestein vor, die selbst in Tiefengesteinen wie Granit durch Zerrüttungszonen, Reibungsbreccien, Ruschelzonen und ähnliches nachweisbar sind. In den Tälern sind Schotter und Sandmassen abgelagert, die Wasser führen können. Die allgemeine Morphologie des Geländes, die Vegetation und die schon wiederholt erwähnten oberflächlichen Wasserkennzeichen werden hier und dort helfen. Er wird daher auch ohne Wünschelrute oft genug Wasser finden oder vor unnützem Suchen nach Wasser warnen können.

VI. Entwässerung.

Im Stellungskrieg hat es sich in nassen Zeiten oft genug gezeigt, daß für die Gesundheit der Truppen Entwässerung nicht weniger wichtig ist als Wasserversorgung. Es sind daher von den Kriegsgeologen, von Pionieren und anderen zahlreiche Vorschläge gemacht und oft genug mit Erfolg ausgeführt worden, um Schützengräben und Unterstände vom Wasser zu befreien.

Ich unterlasse es an dieser Stelle, auf alle rein technischen Dinge (Pumpen und ähnliches) einzugehen[1]), sondern behandle nur ganz kurz die geologischen Verhältnisse, die für solche Fragen eine Rolle spielen.

In meinem Vortrage über Kriegsgeologie[2]) habe ich auf S. 11 bis 12 erläutert, daß man Oberflächenwasser mit Erfolg beseitigen kann, wenn es gelingt, es durch Schächte oder Ablaufrohre in tiefere für Wasser durchlässige Schichten ein-

---

[1]) Eine ausgezeichnete, warm zu empfehlende Schrift über Erbauung und Entwässerung von Schützengräben bekomme ich soeben nach Abschluß meiner Urschrift zugesandt. Sie stammt von dem vortrefflichen Kenner der Wasserfragen, Dr.-Ing. G. Thiem, Leipzig, Plagwitzerstr. 9, und kann von Heeresangehörigen von dem Verfasser bezogen werden. Thiem behandelt gerade die technischen Fragen ganz eingehend.

[2]) Heidelberg 1915 bei C. Winters Universitätsbuchhandlung.

sickern zu lassen. Selbstverständlich ist Voraussetzung dafür, daß diese tieferen Schichten einen genügenden Gesamthohlraum (Porenvolumen und Spalten) haben und nicht bereits von ruhendem Wasser erfüllt sind. Unsere Kriegsgeologen haben auf diesem Gebiete schon während des jetzigen Krieges mit Erfolg gearbeitet und viele Erfahrungen gesammelt, die sie selbst nach dem Kriege veröffentlichen werden, und auf die ich schon deswegen, wie aus anderen naheliegenden Gründen hier nicht eingehen kann. Ich will hier nur kurz auf ein paar einfache Verhältnisse hinweisen, deren Beachtung unter Umständen nützen kann.

Zeigt es sich bei der Anlage von Schützengräben oder Unterständen an geneigten Hängen, daß die eindringende Feuchtigkeit parallel zu der Hangoberfläche heruntersickert, was in Verwitterungsböden oft genug der Fall sein wird, so reicht zur Trockenlegung oft ein dreieckig oder gebogen ausgeführter Entwässerungsgraben aus. Die beistehende Skizze (Fig. 3) veranschaulicht das. Herr Leutnant der Reserve Dr. Frantz erzählte

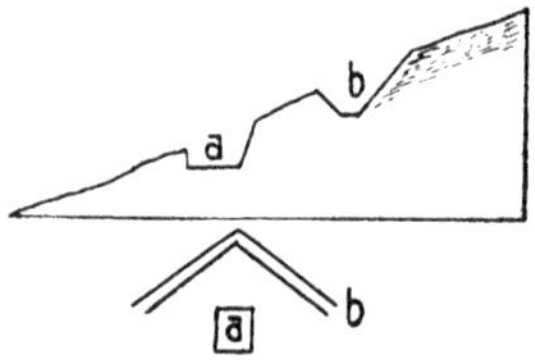

Fig. 3. Oben Profil (Aufriß), unten Grundriß. *a* Unterstand. *b* Entwässerungsgraben.

mir, daß er auf diese Weise im jetzigen Kriege einen Unterstand völlig trockenlegen konnte. Ebenso möchte ich noch einmal besonders darauf hinweisen, daß im Löß und Schwemmlöß die Verwitterungslehme der Oberfläche leicht einen undurchlässigen nassen Boden vortäuschen können. Die Verwitterungslehme werden aber gewöhnlich so wenig mächtig sein, daß man Unterstände und Gräben nur wenig zu vertiefen braucht, um das Wasser von selbst im Boden verschwinden zu sehen.

Das Anlegen von Senkschächten zur Entwässerung kann unter besonderen, allerdings seltenen Umständen auch einmal schädlich werden. Liegt nämlich unter der oberen Schicht gespanntes Wasser oder wassererfüllter Schwimmsand, dann können diese rasch durch den Senkschacht emporquellen und recht große Schwierigkeiten verursachen. Es wird ohne

genaue geologische Kenntnis einer Gegend im allgemeinen nicht
möglich sein, diese Gefahr vorauszusagen.

Eine sehr wichtige und gerade in Nordostfrankreich an-
wendbare Methode zur Wasserbeseitigung habe ich in der
kriegsgeologischen Literatur noch nicht · erwähnt gefunden.
Das ist die Anlage von Saugbrunnen. Sie sind eingehend
geschildert bei Daubrée, Les eaux souterraines I, Paris 1887,
bei Dunod, S. 161 bis 163, kürzer bei Keilhack (a. a. O.
S. 273 bis 274) und Höfer (a. a. O. S. 102 und Fig. 43)[1]).
Daubrée, der sich seinerseits wieder auf Delaunays Cours
élementaire de mécanique, 1851, S. 454 stützt, geht von
artesischen Brunnen aus. Dabei pflegt man meist an die Verhältnisse im Gebirge zu denken. Indessen hebe ich hervor,
daß wir in den Aufschüttungsebenen, wenn mehrere Grundwasserstockwerke übereinanderliegen, ebenfalls sehr oft die
tieferen Stockwerke unter artesischem Druck finden. Zum
Begriff des artesischen Wassers gehört eben nicht eine bestimmte Lagerungsform oder auch, wie Laien vielfach glauben,
das oberflächliche Ausfließen des Wassers. Weyrauch sagt
darüber sehr richtig S. 351: »Der Begriff artesisches Wasser
bedingt bekanntlich nur, daß das Wasser in gespanntem
Zustand sei, nicht daß es über Terrain ausfließe« und (S. 352):
»Allgemein tritt also artesisches Wasser auf, wenn der wasser-
führende Querschnitt zwischen zwei undurchlässigen Schichten
zur Fortführung der anfallenden Wassermenge nicht aus-
reicht.« Sobald wir also mit einem Bohrloch eine artesische
Wassermenge erreichen, stellt das Bohrloch den einen, die in
den Boden einsickernde Wassermenge den zweiten Teil eines
kommunizierenden Röhrensystems dar. Die Steighöhe im
Bohrloch entspricht dem hydrostatischen Druck minus Rei-
bungsverlust. Liegt nun die Öffnung eines Bohrloches unterhalb der Steighöhe (Daubrées piezometrischem Niveau), so
dringt das gespannte Wasser oben heraus, liegt sie aber oberhalb der Steighöhe, so steht das Wasser im Bohrloch in einer
gewissen Tiefe. Und dies Niveau entspricht einem Gleich-

---

[1]) Lueger-Weyrauch erwähnen die »negativen artesischen
Brunnen« nur ganz kurz auf S. 783.

gewichtszustand. Entnimmt man Wasser durch Pumpen, so dringt es von unten nach, schüttet man aber von oben Wasser ein, so versinkt die zugeführte Menge spurlos im Boden, und man kann riesenhafte Wassermassen auf diese Weise zum Verschwinden bringen. Daher die französische Bezeichnung »Boit-tout« oder »Puits absorbant«. Daubrée gebraucht den Ausdruck boit-tout allerdings auf S. 314 des ersten Bandes seines·Werkes auch für gewöhnliche Löcher im Kalksteingebirge von Hérault, die große Mengen von Wasser aufnehmen.

. Man benutzt die Saugbrunnen vielfach, um den Boden in der Nähe von wichtigen Geländen trockenzulegen, um Sumpfgebiete zu entwässern oder Industrieabwässer zu beseitigen. Und es ist gar kein Grund einzusehen, warum man sie nicht auch im Stellungskriege mit Erfolg anwenden könnte, wenn man die Bodenverhältnisse genau genug kennt, um voraussagen zu können, bis zu welcher Tiefe ungefähr gebohrt werden müßte.

Einen besonders interessanten Fall der Anwendung der Saugbrunnen erzählt Daubrée (S. 162) von St.-Denis bei Paris. Man traf dort zuerst bei einer Bohrung ein absorbierendes Wasserniveau an, weiter unten zwei artesisch bis zur Erdoberfläche emporsteigende, von denen das tiefere besseres Wasser lieferte. Man baute nun drei konzentrisch ineinander steckende Rohrsysteme ein, von denen das innerste den tieferen artesischen Horizont emporbeförderte, während der Zwischenraum zwischen dem innersten und dem mittleren Rohre das zweite artesische Niveau hinaufführte. Das weite äußerste Rohr wurde nur bis zur Tiefe der absorbierenden Schicht hinunter gebracht. Der Raum zwischen ihm und dem mittleren Rohr diente dazu, den Wasserüberschuß wieder im Boden zum Verschwinden zu bringen.

VII. Quellfassungen und Brunnenarten.

Das Fassen von Quellen und das Anlegen von Brunnen ist Sache der Techniker und nicht der Geologen, wird also beim Heere entweder von Pionieren oder von Mannschaften ausgeführt werden, die in ihrem bürgerlichen Berufe Erfahrung auf diesem Gebiete gesammelt haben. Immerhin wird es nicht selten vorkommen, daß die im Heeresdienst stehenden Geologen oder in Ermangelung solcher beliebige Offiziere, wenigstens vorläufige oder vorbereitende Arbeiten dieser Art vorzunehmen haben. Da nun der Geologe auf den Universitäten von diesen technischen Dingen in der Regel leider fast nichts erfährt, der Laie aber solchen Fragen ganz hilflos gegenüberzustehen pflegt, so will ich vor allen Dingen auf eine Anzahl von Schriften hinweisen, in denen man sich gründlich über den Gegenstand unterrichten kann und will selbst wenigstens ein paar kurze Bemerkungen hinzufügen. Ich nenne:

Lueger-Weyrauch (a. a. O.), Über Quellfassungen, S. 679 bis 725. Über Brunnensysteme S. 762 bis 805.

A. Scherrer, »Über die Fassung von Mineralquellen«. Deutsches Bäderbuch, Leipzig 1907 bei J. J. Weber. S. XXVIII bis XXXI.

I. Knett, »Grundzüge der Mineralquellentechnik, insbesondere Fassung der Mineralquellen«. Österreichisches Bäderbuch, Berlin-Wien 1914, bei Urban & Schwarzenberg, S. 122 bis 141.

Keilhack (a. a. O.) S. 434 bis 440 zitiert die Scherrerschen Ausführungen wörtlich.

Im Kriege wird es sich in der Regel nicht darum handeln, tadellose, nach allen Regeln der Kunst ausgeführte Quellfassungen zu schaffen. Man wird zwar von diesen verlangen, daß sie allen hygienischen Anforderungen genügen, wird sich aber auf provisorische, nur auf Monate, allenfalls 1 bis 2 Jahre berechnete Fassungen beschränken. Man wird darum und der Not gehorchend, wenn auch ungern, selbst von Materialien wie Holz[1]) Gebrauch machen, welche bei längerer Dauer der Benutzung sowohl aus hygienischen wie aus technischen Gründen zu verwerfen wären. Der einfachste, sehr häufig in Betracht kommende Fall ist der, daß man im Gebirge an irgend einer Stelle eines Hanges einen oder mehrere

---

[1]) Nur dauernd unter Wasser befindliches Holz hält sich gut.

Quellfäden aus dem Gehängeschutt austreten sieht (Hang-
quelle). Da man zunächst gar nicht wissen kann, woher das
Wasser kommt, ob es nicht irgendwo im Boden Verunreinigungen aufnimmt, und da man auch den Wunsch haben wird
es bequemer schöpfen zu können, so muß man zu einer Fassung
schreiten. Dabei wird man nach der Natur der Örtlichkeit
ganz verschieden vorgehen müssen. Aber zwei Verfahren
werden sich in vielen Fällen mit Erfolg durchführen lassen.
Vermutet man auf Grund der geologischen Verhältnisse, daß
die Quellen auf einer bestimmten Linie (Schichtfläche, Ver-
werfung usw.) des Gehänges austreten, so wird man wenig
unterhalb dieser Linie einen Schlitz im Gehänge ziehen, um
die Wasserfäden näher an ihrer Austrittsstelle wiederzufinden.
Hat man keine derartigen Anhaltspunkte, so wird man den
Boden am oberen sichtbaren Ende des Wasserfadens, bei
Torfmooren an der oberen Seite des Moores abgraben lassen
und wird mit der Grabung stets dem Wasserfaden aufwärts
folgen, bis man ihn hier wie im ersten Falle, wenn möglich
aus dem festen Fels austreten sieht. Es kann das eine sehr
langwierige Arbeit sein, da die Quellen in den mächtigen,
in unserem Klima gewöhnlich auftretenden Schuttdecken
ganz verwickelte Wege benutzen. Ja, es kann bei sehr tief-
gehender Zerrüttung des Gesteins unmöglich werden wirklich
festen Fels zu erreichen. Auf alle Fälle wird man so tief
gehen, bis man Grund zu der Annahme hat, daß nun eine Verunreinigung des Quellfadens von oben oder von den Seiten
her unmöglich ist. Die Austrittsstelle der Quelle aus dem
Boden ist dann bei längerdauernden Anlagen durch Beton
oder Mauerwerk, bei kürzerer Dauer wenigstens durch Holz
so zu überbauen, daß weder eine absichtliche, noch eine un-
absichtliche Verunreinigung zu fürchten ist. Insbesondere
wird die Fassung mit einem wasserdichten Dach zu versehen
sein. Im Kriege wird man dafür den im Frieden gern zur
Abdichtung verwendeten Asphalt kaum nehmen können. Es
empfiehlt sich dann der Gebrauch von Dachpappe, Blech,
unter Umständen auch von Ton oder Lehm zusammen mit ihnen.

Ein erfahrener Quellkenner kann unter Umständen durch
Reinigung der Gesteinsspalten, durch Aufstauung oder Sen-

kung des Abflusses die Wassermenge vermehren. Staut man freilich zu hoch, so kann das Wasser, das ja stets der Richtung des geringsten Widerstandes folgt, zu einem Abfluß in anderer Richtung gezwungen werden und verloren gehen. Durch unvorsichtiges Arbeiten (Zerstörung eines natürlichen Staudammes des Wassers) kann die Wassermenge erheblich verringert werden[1]). Tritt eine Quelle auf dem flachen Boden einer Aufschüttungsebene (z. B. Talaue) in Form eines Quelltümpels aus (Sprudelquelle), so wird man diesen wegen der stets darin enthaltenen Verunreinigungen nicht unmittelbar benutzen dürfen. Man muß dann die natürliche Bodenumgrenzung durch ein gemauertes oder betoniertes Becken ersetzen und wird dies gegen Verunreinigung von der Seite und von oben schützen. Es wäre nun am bequemsten, das Becken so hoch über sein ursprüngliches Niveau aufzumauern, daß eine seitliche Entnahme durch ein Rohr möglich ist. Und das wird auch in vielen Fällen gehen. Es kann aber durch die Aufstauung des Wassers und die dadurch bewirkte Vermehrung des hydrostatischen Druckes der Quellfaden gezwungen werden, sich ganz oder teilweise einen anderen Weg zu suchen. Will man also sicher sein, daß die Ergiebigkeit der Quelle nicht verringert wird, so darf man den Spiegel nicht erhöhen und muß unter Umständen durch Entfernung des umgebenden Erdreichs Platz schaffen. Umgekehrt kann man oft genug durch seine Absenkung eine Vermehrung des Wasserzuflusses erreichen. Die Anbringung eines seitlichen Ausflußrohres kann übrigens umgangen werden, wenn man das Wasser durch ein Heberrohr von oben entnimmt. Lueger-Weyrauch (S. 688) empfehlen dafür das selbstentlüftende Heberrohr D.R.P. von C. G. Dachsel in Wachwitz bei Dresden.

Eine Methode primitiver Quellfassung, die schon die Römer angewandt haben, und die sowohl bei Sprudel-, wie bei Hangquellen unter Umständen heute noch verwertet werden kann, ist von Scherrer a. a. O. S. XXIX beschrieben worden. Über die Quellaustrittsstelle des Felsens oder die gemauerte

---

[1]) Man vgl. in dieser Hinsicht die ausführlichen Darlegungen bei Lueger-Weyrauch, S. 681 bis 683.

Fassung einer Sprudelquelle wird eine große Steinplatte auf die vorher entsprechend gerichtete Fläche gelegt. »In die Steinplatte wurde ein rundes Loch gemeißelt, und am Rande der Steinplatte wurden zwischen diese und die Felsoberfläche genau eingepaßte Holzkeilchen, eines dicht an das andere getrieben, bis das Wasser zwischen Felsen und Platte nicht mehr austreten, sondern durch das Loch über der Platte aufsteigen mußte. In dieses Loch sind nachher metallene oder hölzerne Steigrohre eingeschlagen worden, um das Wasser nach oben zu führen.«

Brunnenarten.

Wie schon gesagt, kann es nicht meine Aufgabe sein, hier die Brunnenarten wirklich zu beschreiben. Wer sich eine eingehende Kenntnis von ihnen erwerben will, der findet in dem zitierten Abschnitt von Lueger-Weyrauch und ebenso in anderen technischen Handbüchern ausgezeichnete ausführliche Darstellungen. Aber gewisse einfache Tatsachen sollten auch dem Kriegsgeologen, dem Truppenoffizier und natürlich auch dem Truppenarzt bekannt sein. Ich schließe mich im folgenden im wesentlichen der Darstellung von Lueger-Weyrauch an.

Es gibt eine sehr große Anzahl verschiedener Brunnenkonstruktionen, die man aber im wesentlichen in die beiden Gruppen der Rohrbrunnen und der Kesselbrunnen zerlegen kann. Die ersteren bestehen aus engen, in den Boden eingesetzten, unten mit Schlitzen oder Löchern versehenen Rohren von einem Durchmesser von gewöhnlich etwa 0,1 bis 0,6, seltener bis zu 1,2 m. Die Kesselbrunnen sind in ihrer primitivsten Form einfache, bis in das Grundwasser vertiefte und gegen Einsturz der Wände geschützte Gruben von 1½ bis 3 und mehr m Durchmesser. Die Rohrbrunnen haben neben anderen Vorzügen vor allem den im Kriege in Betracht kommenden, daß sie in allen nicht zu harten Bodenarten, also in Sand und Kies mit zwischengelagerten Tonschichten sehr leicht auch von ungeschulten Mannschaften bis zu über 30 m Tiefe hinuntergetrieben werden können. Daher sind sie

von den Amerikanern im Sezessionskrieg, von den Eng-
ländern im Abessinischen Krieg 1867 bis 1868 mit großem
Vorteil verwendet worden, und tragen so in der damals an-
gewandten, noch heute zweckmäßigen Form vielfach den
Namen »Abessinierbrunnen« (= Nortonbrunnen). Man nimmt
dazu eiserne Rohre, die entweder unten spitz oder in eine
Schraube mit schmaler horizontaler Endschneide auslaufen,
und rammt, schlägt (»Schlagbrunnen«) oder bohrt sie in den
Boden bis zur gewünschten Tiefe ein. Oberhalb der Spitze
bzw. des Schraubengewindes sind die Rohre geschlitzt. Bei
feinsandigem oder tonig-sandigem Boden müssen sie mit
Filtern (Drahtsieb) oder sog. »Tressengeweben« versehen
werden, damit das Rohr nicht rasch verschlammt. Unan-
genehm ist es nur, wenn in dem sonst weichen Boden große
Steine liegen, da die Rohre sich beim Aufstoßen auf diese
verbiegen. Sonst aber gewähren sie die Möglichkeit, in sehr
kurzer Zeit das unberührte, und daher meist hygienisch einwandfreie Bodenwasser in oft erheblichen Massen zu gewinnen.
Dabei ist auch zu berücksichtigen, daß »die Ergiebigkeit von
Brunnen bei weitem nicht proportional zu ihrem Durchmesser, sondern langsamer als dieser wächst« (Lueger-
Weyrauch, S. 764), so daß man also schon mit ziemlich
engen Rohren gute Ergebnisse erzielen kann. Ferner kann
man bei Fehlen des Wassers oder ungenügenden Wassermengen, oder bei Aufgabe der Stellung die Rohre gewöhnlich
wieder ziehen und an einer anderen Stelle von neuem verwenden. Das Hauptgebiet der Anwendung dieser Abessinierbrunnen werden Aufschüttungsebenen und im Gebirge Tal-
auen sein. In sumpfigen Gebieten haben sie den Vorteil,
daß die Rohre dem umgebenden Boden so dicht anzuliegen
pflegen, daß man mit ihrer Hilfe oft ein tieferes Stockwerk,
unvermischt durch schlechteres höheres Wasser, gewinnen
kann. Nur unmittelbar nach dem Rammen und Schlagen
liegt der Boden infolge der Vibrationen der Rohre nicht ganz
dicht an. Man hilft sich dann dadurch, daß man das Rohr
mit aufgeschwemmtem Ton, dem feiner Sand beigemischt ist,
umgießt, um eine völlige Abdichtung zu erzielen (Gärtner,
S. 480).

Die Kesselbrunnen sind in ihrer primitivsten oben geschilderten Form schon vor undenklichen Zeiten verwendet worden und werden in solchen Formen noch jetzt vielfach auf dem Lande und in den technisch zurückgebliebenen Gegenden angewandt. In technisch entwickelteren Formen sind sie auch jetzt noch sehr brauchbar und werden an vielen Stellen Deutschlands von Fabriken, Gemeinden und Städten gebaut. Die vorher zitierte Form einer einfachen Grube wird ja natürlich schon bei einer auf wenige Wochen berechneten Benutzung zu vermeiden sein. Man mauert dann eben die Grube mit Steinen aus, deren Fugen dem Grundwasser von den Seiten her den Zutritt gestatten. Im Kriege kann man aber, wenn es sich um rasche Herstellung und nur kurz währende Benutzung handelt, in der Not natürlich auch die Wände mit Holz verschalen. Beim Mauerwerk ist ein alter Bauernkniff der, die Zwischenräume der Steine mit Moos auszustopfen, was indessen aus hygienischen Gründen zu verwerfen ist. Selbstverständlich müssen auch solche Kesselbrunnen gegen Verunreinigungen von den Seiten und von oben her geschützt, also gedeckt werden. Ist der Wasserstand nicht sehr tief unter der Oberfläche, so kann das Wasser zwar einfach geschöpft werden, indessen pflegen die mit dem Schöpfen betrauten Personen dabei meist sehr unhygienisch vorzugehen. Liegt daher der Grundwasserspiegel nicht gar zu tief, so wird es sich empfehlen, Pumpen anzubringen, die ja bis zu Saughöhen von 6 m gut arbeiten. Bei noch größerer Tiefe wird man sich auf kurze Zeit mit Zieheimern behelfen können. Noch heute sind derartige, mit einem Göpelwerk versehene Schöpfbrunnen in Ägypten genau in der alten Form in Betrieb, wie in der Zeit der ältesten hieroglyphischen Darstellungen. Und in Babylon soll sich ein ähnlicher, 3000 Jahre alter, 30 m tiefer, kreisförmiger Brunnen von 1,7 bis 1,8 m Durchmesser befinden, der oben auf 10 m Höhe mit Ringsektorziegeln ausgemauert ist. (Lueger-Weyrauch, S. 737.) Es ist nun gar keine Frage, daß man im Kriege vielfach gerade auf solche primitive technische Methoden der Urzeit der Menschheit mit Vorteil zurückgreifen wird.

Es empfiehlt sich alle Brunnen, deren Herstellungsart das gestattet, außen mit Kies und noch weiter außen mit allmählich feiner werdendem Sand zu umschütten. Dadurch wird eine gute Filtration des Wassers vor dem Eintritt in den Brunnen bewirkt.

Von den hygienischen Gesichtspunkten, die man beim Anlegen von Brunnen zu beachten hat, ist im wesentlichen schon auf S. 14 u. f. die Rede gewesen. Eine sehr gute Darstellung einiger ergänzender technischer Maßnahmen gibt Gärtner (Hygiene des Wassers, S. 480 bis 483). Sehr nützlich ist in dieser Hinsicht auch die von Gärtner mitgeteilte Brunnenordnung des Regierungsbezirkes Schleswig vom 27. Dezember 1906, Amtsbl. S. 16[1]). Da wird z. B. sehr mit Recht verlangt, daß Brunnen nur in Entfernungen von mindestens 10 m von Aborten, Senkgruben und Sammelgruben, Dungstätten, Küchenausflüssen, Kanälen und sonstigen zur Aufnahme oder Abführung von Abfallstoffen, Schmutzwässern usw. dienenden Einrichtungen hergestellt werden. »Ablauf- und Niederschlagswässer dürfen weder gegen den Brunnen hinfließen, noch in seiner Umgebung sich stauen. Bei Röhrenbrunnen muß das Rohr mindestens so tief in das Erdreich eingetrieben werden, daß das obere Ende des Saugfilters 3 m unter Terrain liegt.« Bei Kesselbrunnen sind die »Umfassungswände bis zu einer Tiefe von mindestens 2 m wasserdicht herzustellen, die äußere Fläche ist bis zu einer Tiefe von mindestens 2 m mit einer 0,5 m dicken Schicht aus gestampftem Ton oder Lehm gegen das umgebende Erdreich abzudichten.« Endlich hebe ich noch hervor, was dem Hygieniker ohne weiteres klar ist, aber auch von seiten der Pioniere, Kriegsgeologen und Truppenoffiziere zu beachten ist, daß man infizierte oder verdächtige Rohrbrunnen ziemlich leicht und rasch, Kesselbrunnen schwieriger, aber bei längerem Aufenthalt in der Stellung doch auch mit Sicherheit des-

---

[1]) Eine Reihe von gesetzlichen Bestimmungen bez. Vorschriften über Brunnenanlagen, Quellenschutz und ähnliches findet man auch bei Keilhack (a. a. O. S. 487 u. f.) und bei Werveke (a. a. O. S. 41).

infizieren kann. Wo also diese Möglichkeit vorliegt, wird man dadurch immer noch rascher zum Ziele kommen als mit der Anlage neuer Brunnen. (Vgl. Gärtner a. a. O. S. 512 bis 517.) Selbstverständlich muß die Desinfektion nach genauer Anweisung eines Hygienikers stattfinden[1]).

[1]) Über die Desinfektion des bereits geschöpften Wassers im Kriege gibt es eine sehr umfangreiche Literatur. Dies Thema, für das natürlich der Hygieniker zuständig ist, habe ich an dieser Stelle absichtlich nicht behandelt. Wer sich darüber unterrichten will, findet genaue Schilderungen in den Schriften von 1. Dr. Haupt, Die Beschaffung von keimfreiem Oberflächenwasser im Felde (Zeitschr. »Das Wasser«, Jahrg. 11, Nr. 6, 25. Febr. 1915, S. 91 bis 95). 2. Dr.-Ing. G. Thiem, Keimfreies Wasser fürs Heer (1916, Verlag d. internationalen Zeitschr. für Wasserversorgung, Leipzig 64 S. u. 9 Abbild.). 3. Stabsarzt a. D. Dr. Christian, Trinkwasserversorgung im Felde (»Das Wasser«, 25. März 1915, Jahrg. 11, Nr. 9, S. 135 bis 140) usw.

Die Entnahme von Wasser im Kriege zur chemischen oder bakteriologischen Prüfung wird, wenn irgend möglich, ebenfalls durch Hygieniker stattfinden. Steht kein Hygieniker zur Verfügung, so findet der Laie eingehende Schilderungen der Methoden in H. Kluts Buch: Untersuchung des Wassers an Ort und Stelle. (Berlin 1916, III. Auflage bei J. Springer.)

www.ingramcontent.com/pod-product-compliance
Lightning Source LLC
Chambersburg PA
CBHW070156240326
41458CB00127B/5961